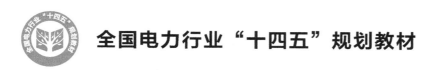

全国电力行业"十四五"规划教材

绿色建筑
概论

主　编　王海军

副主编　满都拉

参　编　杨　勇　张　宇　王彦隽

　　　　杨　晶　杨博超

主　审　罗昔联

U0300253

中国电力出版社

CHINA ELECTRIC POWER PRESS

内 容 提 要

本书为全国电力行业"十四五"规划教材，全书分为八个学习情境，主要内容包括绿色建筑概述、绿色建筑内涵、绿色建筑设计策略、绿色建筑主要技术、绿色建筑相关资源利用技术、绿色建筑评价、我国发展绿色建筑的前景和优势、绿色建筑案例。本书旨在帮助读者了解绿色建筑的重要性和实践方法，理论与案例相结合，项目任务式编写方式，更适合读者学习和理解。本书配套丰富的数字资源，供读者在线学习。

本书可作为高职高专院校建筑类专业教材，也可供相关人员参考。

图书在版编目（CIP）数据

绿色建筑概论/王海军主编 . —北京：中国电力出版社，2024.6
ISBN 978 - 7 - 5198 - 8636 - 3

Ⅰ.①绿…　Ⅱ.①王…　Ⅲ.①生态建筑—概论—高等职业教育—教材　Ⅳ.①TU - 023

中国国家版本馆 CIP 数据核字（2024）第 077429 号

出版发行：中国电力出版社
地　　　址：北京市东城区北京站西街 19 号（邮政编码 100005）
网　　　址：http://www.cepp.sgcc.com.cn
责任编辑：霍文婵（010 - 63412545）
责任校对：黄　蓓　马　宁
装帧设计：郝晓燕
责任印制：吴　迪

印　　　刷：固安县铭成印刷有限公司
版　　　次：2024 年 6 月第一版
印　　　次：2024 年 6 月北京第一次印刷
开　　　本：787 毫米×1092 毫米　16 开本
印　　　张：11.25
字　　　数：268 千字
定　　　价：56.00 元

前 言

本书拓展资源

在"碳达峰，碳中和"的时代背景下，我国面临着巨大的能源消耗转型压力，建筑能耗在总能耗中一直占据着极大的比重，因此采用节能、环保的设计理念和技术，可以有效减少建筑的能耗和碳排放，有助于实现碳达峰目标；通过植被覆盖、绿色屋顶等方式增加建筑的碳吸收能力，有利于实现碳中和目标。

希望通过本书系统地学习，让读者树立环境保护和可持续发展的意识，充分了解绿色建筑已取得的成就和未来发展趋势。为政府决策人员和管理人员制定城市未来发展规划、建筑节能标准、碳排放限额、绿色建筑认证等提供良好的建议；为设计人员更好地选择节能材料、智能建筑控制系统、可再生能源利用等提供有力支持；为绿色建筑协会及评估机构人员建立并完善科学的绿色建筑评价体系，对绿色建筑进行综合评估提供参考依据；为建筑相关从业人员及普通民众提高对绿色建筑的认识和认可度，更多地参与绿色建筑的建设和使用，提供扎实的理论基础。

本书由内蒙古建筑职业技术学院王海军、满都拉、杨勇、杨晶，内蒙古农业大学职业技术学院王彦隽、鄂尔多斯职业学院张宇编写，王海军担任主编，满都拉担任副主编，内蒙古建筑规划院杨博超校对，西安交通大学的罗昔联教授主审。编写分工为：王海军编写学习情境一、四、八；王彦隽编写学习情境二；杨勇编写学习情境三；满都拉编写学习情境五；张宇编写学习情境六；杨晶编写学习情境七；杨博超校对。

本书在编写过程中参考引用了大量文献资料，也得到了专家和出版机构的很多帮助，在此深表感谢！

限于编者水平和时间，不妥之处在所难免，诚恳希望广大读者批评指正。

编者

2024 年 3 月

目　录

学习情境一　绿色建筑概述

　　绿色建筑是指在设计、建造和运营过程中，以最小化对环境的影响为目标，同时提供健康、高效、可持续的建筑物。它包括使用可再生能源、节能技术和材料，减少废物和污染物的产生，提高室内空气质量，优化水资源管理等方面的措施。绿色建筑还强调与自然环境的融合，通过设计和景观规划来提供舒适的室内外环境。

项目一　绿色建筑概念

　　绿色建筑是遵循了保护环境、节约资源、确保人居环境质量这样一些可持续发展的基本原则。英国人 A. Gordon 在 1964 年给出了"全寿命周期成本管理"理论。对建筑物而言，建筑物的前期决策、勘察设计、施工、使用维修乃至拆除各个阶段的管理相互关联而又相互制约，构成一个全寿命管理系统，为保证和延长建筑物的实际使用年限，必须根据其全寿命周期来制定质量安全管理制度。绿色建筑理念与建筑全寿命周期密切相关。绿色建筑注重从设计、建造、使用到拆除的整个建筑生命周期，考虑并优化建筑各阶段对环境和资源的影响。在设计阶段，绿色建筑会采用可持续发展的原则，并考虑建筑的材料选择、能源效率、室内环境质量等方面，从设计上最大限度地减少对环境的影响。在建造和使用阶段，绿色建筑关注节约能源和资源的运营管理，采用高效的水电系统、智能控制设备等，以减少能源消耗和浪费。在拆除阶段，绿色建筑考虑建筑材料的可回收性和再利用性，设计拆除过程以最小化废弃物产生，并将废弃物以可循环经济的方式进行处理，减少对环境的负面影响。因此，绿色建筑理念贯穿建筑的全寿命周期，旨在最大限度地减少建筑对环境的影响，提高资源利用效率，并创造健康、宜居的室内环境。

　　所谓"绿色建筑"的"绿色"，并不是指一般意义的立体绿化、屋顶花园，而是代表一种概念或象征，指建筑对环境无害，能充分利用环境自然资源，并且在不破坏环境基本生态平衡条件下建造的一种建筑，又可称为可持续发展建筑、生态建筑、回归大自然建筑、节能环保建筑等。绿色建筑实例如图 1-1 所示。

图1-1 绿色建筑实例

项目二 绿色建筑特点

任务一 绿色建筑的目标

绿色建筑的目标是建筑、自然环境及使用者的和谐统一。

任务导入

随着全球经济的快速发展，建筑业也发展迅猛，但伴随着建筑业的发展，建筑物对环境产生的负面影响也越来越严重。建筑业是全球资源消耗和能源消耗的重要领域之一，其对环境的影响显而易见。绿色建筑强调建筑与自然环境的和谐统一，注重减少建筑对环境的负面影响，提高建筑的节能、环保、舒适等性能，是可持续发展的一种体现。本章将介绍绿色建筑的概念、特点、实现途径等，希望能够为读者提供全面而系统的绿色建筑知识体系。

任务目标

绿色建筑的目标是建筑、自然环境及使用者的和谐统一。建筑是人类活动的重要场所，它不仅要提供物质空间，更要提供人们所需要的舒适、健康的居住环境。同时，建筑也对自然环境和使用者产生着重要的影响。因此，绿色建筑的目标是通过科技手段和设计理念，减少建筑对环境的负面影响，提高建筑的节能、环保、舒适等性能，促进建筑与自然环境的和谐统一。同时，绿色建筑也要注重使用者的健康和舒适，提高建筑的人文关怀，为人们打造更加健康、舒适、高品质的室内环境。

绿色建筑与人、自然的和谐体现在其功能是提供健康、适用和高效的使用空间，并与自然和谐共生。绿色建筑以人、建筑和自然环境的协调发展为目标，在利用天然条件和人工手段创造良好、健康的居住环境的同时，尽可能地控制和减少对自然环境的使用和破坏，充分体现向大自然的索取和回报之间的平衡。

绿色建筑外部：要强调与周边环境相融合，和谐一致、动静互补，做到保护自然生态环境，减少人为改变原有自然生态环境的行为，尽可能保持原有自然风貌，使人与自然和谐相处。

绿色建筑内部：减少或不使用资源浪费型的、对人体有害的建筑及装饰材料，尽量采用环保型、再生型、可降解回收型材料，以减少能源消耗和环境污染。减少主动式节能技术，增加被动节能技术，使室内空气循环，温、湿度得到良好调节，增加使用者的舒适度。

任务二　绿色建筑注重节约资源、新能源使用和环境保护

任务导入

随着全球经济的快速发展，建筑业也发展迅猛，但伴随着建筑业的发展，建筑物对环境产生的负面影响也越来越严重。建筑业是全球资源消耗和能源消耗的重要领域之一，其对环境的影响显而易见。因此，出现了绿色建筑的概念，绿色建筑强调建筑与自然环境的和谐统一，注重减少建筑对环境的负面影响，提高建筑的节能、环保、舒适等性能，是可持续发展的一种体现。

任务目标

介绍绿色建筑的节能技术、新能源利用和环境保护等方面的知识，通过深入了解绿色建筑的实践和应用，让读者了解到绿色建筑的具体实现方式和应用效果，以及绿色建筑对环境保护和可持续发展的重要性。通过本任务的学习，读者将了解到绿色建筑的实践和应用，为后续的绿色建筑设计和实践提供指导和支持。

1. 节约资源

绿色建筑通过采用高效的设计、材料和设备来节约资源，降低能源消耗和碳排放。在绿色建筑设计中，需考虑到建筑的朝向、采光、通风等因素，以降低室内温度、减少空调的使用，同时也能够改善建筑的自然通风效果。此外，还会采用节能设备，如节能灯具、高效空调、太阳能热水器等，来降低建筑的能源消耗和运行成本。在建筑选材方面，会对可再生材料、回收循环利用材料等多加使用，以减少对不可再生资源的消耗。

2. 新能源使用

绿色建筑也注重新能源的使用，如太阳能、风能、地热能等。在建筑设计中，可以采用太阳能光伏板、太阳能热水器、风力涡轮机等设备，将可再生清洁能源直接转换成可用的能源，从而降低建筑的碳排放量。新能源使用实例如图 1-2 和图 1-3 所示。

图 1-2　太阳能光伏板

图 1-3　光伏和风力发电系统

3. 环境保护

在绿色建筑设计中，也会考虑到环境保护问题。例如在建筑设计中，会考虑到建筑的废

弃物处理和建筑拆除后对环境的影响等问题。在材料选择和使用中，也会优先考虑可再生材料、可回收再利用材料等，减少对环境的污染。综上所述，绿色建筑注重节约资源、新能源使用和环境保护，通过高效的设计、先进的材料和设备，创造宜居、健康和可持续的城市环境，同时也考虑到社会、经济和环境的效益。环境保护中，建筑废弃物的循环使用如图 1-4 所示。不仅仅是建筑垃圾可以循环利用，木材、纸、塑料金属等均可回收后再加工利用。

图 1-4　建筑垃圾再循环利用

任务三　绿色建筑的全寿命周期性

任务导入

绿色建筑是一种可持续发展的建筑方式，注重节约资源、新能源使用和环境保护，是建筑业可持续发展的重要方向。绿色建筑的生命周期从建筑设计、建设、运营到拆除都应注重绿色环保，以最大限度地减少对自然环境的影响。因此，绿色建筑的全生命周期性不仅仅是指建筑的使用阶段，还包括建筑的设计、建设和拆除等多个阶段。本章将介绍绿色建筑的全生命周期性，以期帮助读者全面了解绿色建筑的实践和应用。

任务目标

介绍绿色建筑的全生命周期性，通过对绿色建筑从建筑设计、建设、运营到拆除等多个阶段的介绍，让读者了解到绿色建筑的全过程和绿色建筑在每个阶段应该注重的环保措施。通过本任务的学习，读者将了解到绿色建筑的全生命周期性和绿色建筑在每个阶段的应用，为后续的绿色建筑设计和实践提供指导和支持。同时，本任务还将重点介绍绿色建筑在拆除和再利用方面的环保措施，为建筑业的可持续发展做出贡献。

绿色建筑全生命周期包括物料准备、设计、施工、使用、维护、改造和拆除七个阶段。绿色建筑强调的是全生命周期实现建筑与人、自然的和谐，减少资源消耗和保护环境，实现绿色建筑的关键环节在于绿色建筑的设计和使用维护。

1. 物料准备阶段

需要考虑原材料的获取和加工过程对环境的影响，如采矿、林业开采、水资源的消耗、土地破坏等。同时，也需要考虑运输环节的碳排放和能源消耗等问题。因此，在物料准备阶段应该采用环保的原材料获取和加工方式，如使用可再生资源、回收再利用等方式，以减少对环境的影响。同时，也需要考虑物料运输距离和运输方式的影响，如尽可能使用本地材料，或使用可再生能源驱动的运输方式等。综上所述，物料准备阶段是绿色建筑全生命周期中非常重要的一环，需要采用环保的方式来获取和加工建筑材料，以实现绿色建筑的可持续发展目标。

2. 建筑设计阶段

在建筑设计阶段，需要考虑建筑的可持续性，如建筑的朝向、通风、采光、节能、使用环保材料等因素，以降低建筑对环境的影响。

3. 建筑施工阶段

在建筑施工阶段，需要采用环保材料，如可再生材料、回收再利用材料、低挥发性有机化合物等，以减少对环境的污染，同时也需要考虑施工过程中的环境保护问题。

4. 建筑使用阶段

在建筑使用阶段，需要采用高效的设备和技术，如节能灯具、高效空调、太阳能热水器等，以降低建筑的能源消耗和运行成本。同时，还需要关注室内环境的质量，如室内空气质量、温度、湿度、照明等，以提高建筑的使用价值。

5. 建筑维护阶段

在建筑维护阶段，需要进行定期的设备维护和检修，以保持设备的高效运行状态，同时也需要进行定期的室内环境检测和维护，以保证室内环境的质量。

6. 建筑改造阶段

随着时间的推移，建筑及设备需要进行改造和更新，为了保持绿色建筑的可持续性，需要在改造阶段采用环保的材料和技术，以减少对环境的影响。

7. 建筑拆除阶段

在建筑拆除阶段，需要进行建筑材料的分类和回收，以减少废弃物的产生和对环境的影响。同时也需要考虑建筑拆除后对环境的影响，如土地修复、水源保护等问题。综上所述，绿色建筑的建筑全生命周期性需要从建筑设计、施工、使用、维护到拆除等各个阶段，全面考虑建筑的环境和资源问题，以实现节能、环保和可持续发展的目标，如图1-5和图1-6所示。

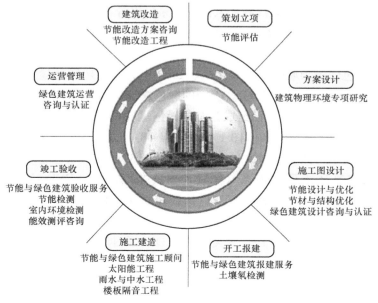

图1-5　绿色建筑全寿命周期

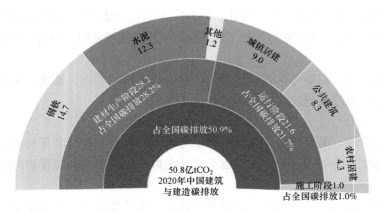

图 1-6　2020 年全国建筑与建造能耗

注：图 1-6 摘自《2022 中国城乡建设领域碳排放系列研究报告》。

项目三　国际绿色建筑发展现状

20 世纪 60 年代，美国建筑师保罗－索勒瑞提出了生态建筑的新理念。

1969 年，美国建筑师麦克哈格著《设计结合自然》一书，标志着生态建筑学的正式诞生。

20 世纪 70 年代，石油危机使得太阳能、地热、风能等各种建筑节能技术应运而生，节能建筑成为建筑发展的先导。

1980 年，世界自然保护组织首次给出"可持续发展"的口号，同时节能建筑体系逐渐完善，并在德、英、法、加拿大等发达国家广泛应用。

1987 年，联合国环境署发表《我们共同的未来》报告，确立了可持续发展的思想。

1992 年，"联合国环境与发展大会"使可持续发展思想得到推广，绿色建筑逐渐成为发展方向。

美国是全球绿色建筑领域的领先者之一。1993 年美国创建绿色建筑协会，绿色建筑委员会（Green Building Council，GBC），美国的绿色建筑认证体系 LEED（Leadership in Energy and Environmental Design）已经成为全球绿色建筑的标准，其认证范围包括建筑设计、建筑施工、运营和维护等各个环节（图 1-7 和图 1-8）。之后各个国家开始研究适合本国国情的绿色建筑评估体系，如：德国生态建筑导则（LNB）、英国绿色建筑评估体系（BREEAM）、澳大利亚建筑环境评估体系（NABERS）、加拿大（LEED Canada）、法国（ESCALE）、日本（CASBEE）等，其中 LEED 认证在国际上和我国的影响力较大。美国 2007 年 10 月 1 日进一步出台了美国第一个强制性的绿色建筑法令，规定新建建筑、改建建筑都应该达到最低绿色建筑标准。图 1-7 为美国 LEED 认证对应的分数及级别，图 1-8 为认证建筑标牌。

CERTIFIED
40~49points
认证级：40-49

SILVER
50~59points
银级：50-59

GOLD
60~79points
金级：60-79

PLATINUM
80+points
铂金级：80以上

图 1-7 美国 LEED 绿色建筑认证

图 1-8 LEED 绿色建筑标牌

项目四 我国绿色建筑发展历史及现状

20 世纪 80 年代初期：在城市化进程加速的背景下，开始探索和研究绿色建筑的设计和施工方法，以应对城市环境和能源危机的挑战。

20 世纪 90 年代：在环保意识不断提高的背景下，开始出台一些绿色建筑政策和标准，例如《建筑节能设计标准》就在这一时期发布。

2000 年：开始探索建立绿色建筑认证体系。2006 年，国家住建部颁布了《绿色建筑评价标准》，成为我国绿色建筑认证的标准之一。

2010 年：绿色建筑发展进入快速发展期。2011 年，国务院发布《关于促进节能减排工作的意见》，明确提出要推动绿色建筑的发展。2019 年，新版《绿色建筑评价标准》（GB/T 50378—2019）发布，成为我国绿色建筑认证的新标准。我国绿色建筑的发展历程可以分为探索期、政策和标准制定期、认证体系探索期和快速发展期。在这个过程中，政府、企业和社会各界都发挥了重要作用，推动了我国绿色建筑不断发展和完善。未来，我国绿色建筑将继续发挥重要作用，助力美丽中国的建设。

政策支持力度加强：政府出台了一系列鼓励和推动绿色建筑发展的政策，例如 2011 年国务院发布的《关于促进节能减排工作的意见》，提出要大力推进绿色建筑、被动式建筑等节能环保建筑的发展，2016 年出台的《节能住宅工程实施方案》等。政策支持力度加强，为绿色建筑的发展提供了保障和支持。

　　绿色建筑认证体系逐步完善：绿色建筑认证体系逐步完善，我国绿色建筑评价标准也得到了不断更新，2019 年发布的新版《绿色建筑评价标准》（GB/T 50378－2019）推出了绿色建筑三星评价体系，促进了绿色建筑认证的标准化和规范化，如图 1-9 所示。

三星级标识　　二星级标识　　一星级标识

图 1-9　绿色建筑三星评价体系及证书

　　随着科技的进步和人们对绿色建筑需求的增加，绿色建筑技术不断发展更新，如太阳能、风能、地源热泵、空气源热泵、被动式建筑等技术的应用发展不断提升，为绿色建筑的普及和推广提供了有力的技术支持。

　　国家碳达峰和碳中和的历史背景主要源于全球气候变化的关注和应对。随着工业化和经济发展，二氧化碳等温室气体排放导致全球气温升高、海平面上升、极端天气增加等气候变化问题逐渐严重。为了应对这一挑战，各国开始制定全球气候行动目标。在历史上的关键节点，国际社会达成了合作共识。其中，2015 年的巴黎协定是一个重要的里程碑。这个协定于联合国气候变化大会上通过并得到全球几乎所有国家的批准。协定的目标是通过全球合作控制全球变暖在 2℃ 以内，并努力争取将升温幅度控制在 1.5℃ 以内。随后，越来越多的国家开始制定碳达峰和碳中和的目标。

　　碳达峰是指在特定时间点上温室气体排放量达到峰值后开始逐渐减少，而碳中和则是指将净排放的温室气体数量降至零，或者通过负排放技术将排放量抵消。国家碳达峰和碳中和的历史背景源于全球气候挑战的日益严峻，国际社会意识到减少温室气体排放的紧迫性和必要性。通过碳达峰和碳中和，各国寻求实现经济发展与环境保护的良性循环，推动全球迈向更加可持续和低碳的未来。

　　绿色建筑约有 30 项指标与碳达峰、碳中和相关，比如优化围护结构热工性能，提升电气设备能效水平，充分利用太阳能等可再生清洁能源。

学习情境二　绿色建筑内涵

　　绿色建筑（Green Building）是在建筑物建造和使用全过程中，消耗能源低、消耗资源少、对环境影响小的建筑。绿色建筑的全生命期是一个包括人、资源、环境在内的多维目标的实现过程，基于静态的目标分解和制定，通过动态的方法和途径来实现。我国《绿色建筑评价标准》（GB/T 50378—2019）和美国联邦环保署（EPA，Environmental Protection Agency）对绿色建筑的定义均认为绿色建筑实现了人、资源和环境之间的最佳协调状态。

　　绿色建筑的概念起源于 20 世纪 70 年代的能源危机，当时人们开始关注建筑能源效率和环境友好性。1980 年，美国绿色建筑委员会（USGBC，U. S. Green Building Council）成立，开始制定《绿色建筑评估体系》（LEED，Leadership in Energy and Environmental Design），并推广绿色建筑的理念。20 世纪 90 年代末期，欧洲、亚洲等地也开始出台类似的绿色建筑标准和政策。2000 年以后，随着人们对可持续发展的重视和环保意识的增强，绿色建筑得到了更广泛的应用和推广。目前，绿色建筑已经成为全球建筑业的主流趋势。

　　☞思政小贴士：　2022 年 3 月，住房和城乡建设部印发《“十四五”建筑节能与绿色建筑发展规划》明确，到 2025 年，城镇新建建筑全面建成绿色建筑，建筑能源利用效率稳步提升，建筑用能结构逐步优化，建筑能耗和碳排放增长趋势得到有效控制，基本形成绿色、低碳、循环的建设发展方式，为城乡建设领域 2030 年前碳达峰奠定坚实基础。

项目一　绿色建筑的定位

任务一　绿色建筑

🖳 任务导入

　　本任务包括绿色建筑的内涵与定义，通过社会上不同机构对绿色建筑的不同表述，总结出绿色建筑的内涵与定义。

任务目标

理解绿色建筑的内涵和定义。

一、 绿色建筑的内涵

绿色建筑是在城市建设过程中实现可持续理念的方法，它需要有明确的设计理念、具体的技术支持和可操作的评估体系。在不同机构、不同角度上，绿色建筑概念的侧重不同。

美国绿色建筑协会制订了可实施操作的《绿色建筑评估体系》（LEED），并认为绿色建筑追求的是如何实现从建筑材料的生产、运输、建筑、施工到运行和拆除的全生命周期，建筑对环境造成的危害最小，同时让使用者和居住者有舒适的居住质量。

维基百科将绿色建筑描述为：通过在设计、建造、使用、维护和拆除等全生命周期各阶段进行更仔细与全面的考虑，以提高建筑在土地、能源、水、材料等方面的利用效率，同时减少建筑对人们健康以及周边环境的负面影响为目的的实践活动。

调查研究结果显示，各地消费者对绿色建筑的态度积极，越来越多的消费者认为绿色建筑是一种刚需。而在对于绿色建筑的认知上，大部分居民对其理解仅仅集中在对土地、能源、水、材料节约的层面上，而对于资源再生利用等方面的理解不深入。《绿色建筑评价标准》（GB/T 50378—2019）对绿色建筑的定义认为绿色建筑可以在增加较少投入的前提下实现，这与资本市场主导的房地产市场利益诉求并不一致。

我们国家针对资源相对短缺的基本国情，提出节能省地型住宅和公共建筑为绿色建筑的目标，以解决我们工业化和城镇化的快速发展时期资源消耗过多、资源日益短缺的问题。这是具有中国特色的可持续建筑理念，以节能、节地、节水、节材实现建筑的可持续发展。

绿色建筑指在建筑的全寿命周期内，最大限度地节约资源，包括节能、节地、节水、节材等，保护环境和减少污染，为人们提供健康、舒适和高效的使用空间，与自然和谐共生的建筑物。绿色建筑技术注重低耗、高效、经济、环保、集成与优化，是人与自然、现在与未来之间的利益共享，是可持续发展的建设手段。具体来说，包括减少建筑物生成和使用过程中对生态环境的负荷，节约资源和能源，减少污染物的排放，为居民提供舒适、安全、健康的居住环境；与自然环境和谐发展。绿色建筑的内容见图 2-1。

根据国内外对绿色建筑的理解，绿色建筑的基本内涵可归纳为：减轻建筑对环境的负荷，即节约能源及资源；提供安全、健康、舒适性良好的生活空间；与自然环境亲和，做到人及建筑与环境的和谐共处、永续发展。概括地说，绿色建筑的内涵体现在资源节约、环境和生态保护、居住健康和可持续发展这三个方面。

二、 绿色建筑的定义

以符合自然生态系统客观规律并与之和谐共存为前提，充分利用客观生态系统环境条件、资源，尊重文化，集成适宜的建筑功能与技术系统，坚持本地化原则，具有资源消耗最小及使用效率最大化能力，具备安全、健康、宜居功能并对生态系统扰动最小的可持续、可再生及可循环的全生命周期建筑即为绿色建筑。通过对绿色文化、哲学和概念的分析，了解绿色建筑既是一种生活方式，也是一种理念。它并不一定特指哪类建筑，而是涵盖所有类型的建筑，包括居住、生产、生活及公共活动空间。从单一的绿色建筑来看，它的绿色内涵是

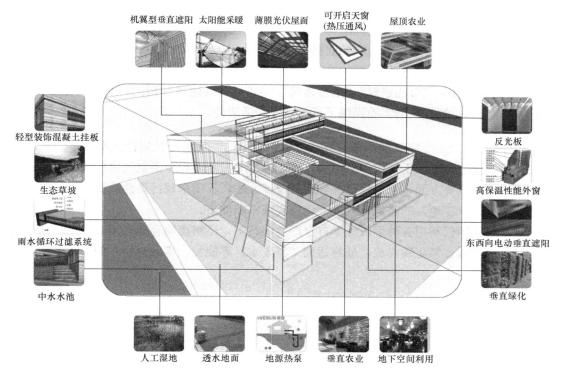

机翼型垂直遮阳　太阳能采暖　薄膜光伏屋面　可开启天窗（热压通风）　屋顶农业

轻型装饰混凝土挂板

生态草坡

雨水循环过滤系统

中水水池

反光板

高保温性能外窗

东西向电动垂直遮阳

垂直绿化

人工湿地　透水地面　地源热泵　垂直农业　地下空间利用

图 2-1　绿色建筑的内容

一系列的，包括文化、生态、环保等。

　　绿色建筑特别关注建筑的"环境"属性，利用一切可行措施来解决生态和环境问题（不局限于生态学的原理和方法），是一种更易为普通大众所理解和接受的概念。只要是有环保效益，对资源进行有效利用的建筑都可称为绿色建筑。

　　绿色建筑同时强调尊重本土文化、自然、气候，减少温室气体排放和废水、垃圾处理以及提高室内环境质量，减少环境污染。

　　根据住房和城乡建设部发布的《绿色建筑标识管理办法》，绿色建筑标识，是指表示绿色建筑星级并载有性能指标的信息标志，包括标牌和证书。绿色建筑标识由住房和城乡建设部统一式样，证书由授予部门制作，标牌由申请单位根据不同应用场景按照制作指南自行制作。绿色建筑标识授予范围为符合绿色建筑星级标准的工业与民用建筑。绿色建筑标识星级由低至高分为一星级、二星级和三星级 3 个级别，如图 2-2 所示。

图 2-2　绿色建筑标识

在绿色建筑中生活，绿色生活方式是重点。养成良好的生活习惯，正确使用绿色节能技术，减少建筑在运行过程中的能源浪费，提高能源利用率，使绿色建筑更大程度地达到其设计的初衷。绿色建筑是在以人为本的前提下更好地处理与自然的关系，既能最大程度保护环境，同时又能满足人们对美好生活的追求，既能对环境产生最小的负面影响，又能充分利用自然环境资源，其与"节能建筑""生态建筑"和"可持续建筑"相比具有不同侧重。绿色建筑的研究为可持续建筑的实施提供了可操作性和适应性。

☞思政小贴士：　零碳城市源自罗马俱乐部提出的经济零增长理论。所谓零碳城市即指城市对气候变化不产生任何负面影响，或者说最大限度地减少温室气体排放。零碳建筑是零碳城市的重要方面，它指采用综合建筑设计方法，不用常规污染性能源（零能）和不损失绿化面积（零地）的建筑，以最大化地实现零碳城市。

零碳建筑不仅利用各种手段减少自身产生的污染，还将废物合理利用，使用环保清洁的能源，以降低二氧化碳排放，最终达到"零废水、零能耗、零废弃物"的理想状态。

任务二　其他有关绿色建筑的概念

任务导入

本任务包括节能建筑、健康建筑、低碳建筑、生态建筑和可持续建筑的概念与特征，并对比了不同概念间的特征。

任务目标

理解节能建筑、健康建筑、低碳建筑、生态建筑和可持续建筑的定义与特征。

一、节能建筑

（一）节能建筑的概念

节能建筑（Energy - efficient buildings）是指遵循气候设计和节能的基本方法，对建筑规划分区、群体和单体、建筑朝向、间距、太阳辐射、风向以及外部空间环境进行研究后，设计出的低能耗建筑。一般建筑存在能耗严重的问题，在使用过程中，能源有效利用率不足50%，并由此产生严重的环境污染与温室气体排放问题；绿色建筑可大幅度降低建筑能耗，减少碳的排放量。绿色建筑环保与减排的实现依靠科学技术的发展与进步。通常按照节能设计标准进行设计和建造，使其在使用过程中能够降低。节约能耗的建筑称为节能建筑。节约能源及资源是绿色建筑的重要组成内容，这就是说，绿色建筑要求同时必须是节能建筑，但节能建筑并不能简单地等同于绿色建筑。

（二）节能建筑案例

上海世博园中国馆是典型的节能建筑，在其古典大气的外部造型下，隐藏着许多环保节能的设计，如图2-3所示。中国馆的总体造型层叠出挑，象征了中华民族自强不息、奋发向上的精神。这种下窄上宽的造型还有一个特殊的功能：上层形成对下层的自然遮阳，只有阳光低斜时才能照进来，在夏季，减少了降温所需的能耗。

图 2-3　上海世博园中国馆

　　中国馆由国家馆、地区馆和港澳台馆组成。在地区馆的外廊，都被设计成半室外玻璃廊，用被动式节能技术为地区馆提供冬季保温和夏季通风。此外，地区馆屋顶的"中国馆园"还将运用生态农业景观等技术措施有效实现隔热。建筑本身的节能系统将使中国馆的能耗比传统模式降低 25％以上。

　　四根立柱下面的大厅则是东西南北皆可通风的空间，展会期间如果热浪来袭，这样的设计可以确保观众时时感受到凉风。同时，通风的功能与中国建筑元素巧妙结合了起来，中国馆四面墙体都有 31 个中国式的椽子，椽子的剖面设计成印章样式，这些貌似印章的字实际上是同时具备通风口功能。

　　为了让建筑本身实现减排降耗，中国馆所有的窗户都是低耗能的双层玻璃。同时，采用了冰蓄冷系统，充分利用电网低谷电开机制冰蓄冷，大大降低用电负荷。

　　除了场馆的设计充分考虑节能，中国馆所选取的建筑材料，从涂料到地板，从楼宇自控到灯光照明，都是绿色产品。更值得关注的是，中国馆应用了很多节能技术，比如，中国馆所有的门窗都采用 LOM-E 玻璃，其表层含有能反射热量的蓄光涂料，可以将阳光转化为电能并储存起来，为建筑外墙照明提供能量；中国馆顶上的观景台也采用了含有特殊涂层的太阳能薄膜，起到储藏阳光并转化为电能的作用；中国馆的顶部、外墙上安装的太阳能电池，使中国馆实现照明用电全部自给。中国馆的设计者很注重循环自洁，屋顶上安放了雨水收集系统，利用天然的雨水进行绿化浇灌、道路冲洗，实现雨水的循环使用。在地区馆南侧大台阶水景观和南面的园林设计中，设计者还精心设计了小规模人工湿地，利用人工湿地的自洁能力，在不需要大量用地的前提下，为城市局部环境提供生态化的景观。中国馆的广场使用了透水砖，一方面可以使广场不积水，防止参观者行走时滑倒；另一方面又可以把地面上的含氧水吸进砖块内部，吸进砖块的水在蒸发过程中可以给地面降温，带走热量，让广场上等候的观众感到些许凉意。

二、 健康建筑

(一) 节能建筑的概念与发展

国际上很早就在关注建筑所带来的健康问题，对建筑中影响健康的要素进行了大量研究。健康建筑（Healthy Building）的概念由国际健康建筑研究所（IWBI，International WELL Building Institute）于 2004 年推出一套健康建筑标准，提出全球不同类别的健康建筑设计准则，以医学研究为准则，以人的健康系统需求对应建筑物设计来提升空间舒适感。

健康建筑不是评价建筑能源消耗，也不是评价建筑对环境的影响，而是建筑如何直接地为人类健康做出贡献。2000 年在荷兰举行的健康建筑国际年会上，健康建筑被定义为：一种体现在住宅室内和住区的居住环境的方式，不仅包括物理测量值，如温度、通风换气效率、噪声、照度、空气品质等，还需包括主观性心理因素，如平面和空间布局、环境色调、私密保护、视野景观、材料选择等，另外加上工作满意度、人际关系等。

WELL（WELL Building Standard）是全球首部针对室内环境提升人体健康与福祉的建筑认证标准，将健康建筑描述为致力于追求可支持人类健康和舒适的建筑环境，改善人类身体健康、心情、舒适、睡眠等因素，鼓励健康、积极的生活方式，减少化学物质和污染物的损害。

《健康建筑评价标准》（T/ASC 02—2021）中定义健康建筑是在满足建筑功能的基础上，为建筑使用者提供更加健康的环境、设施和服务，促进建筑使用者身心健康、实现健康性能提升的建筑。健康建筑的评价应以全装修的建筑群、单栋建筑或建筑内区域为评价对象。评价单栋建筑或建筑内区域时，凡涉及系统性、整体性的指标，应基于该栋建筑所属工程项目的总体进行评价，健康建筑评价指标体系由空气、水、舒适、健身、人文、服务 6 类指标组成，分为一星级、二星级、三星级 3 个等级。申请健康建筑评价的项目应满足绿色建筑的要求。

健康建筑是绿色建筑在健康方面向更深层次的发展，健康建筑与绿色建筑既有联系又有区别，其差异性表现在发展阶段不同、涵盖领域不同、关注对象不同、指标要求不同、可感知性不同。

（1）发展阶段不同。中国绿色建筑是在高速城镇化、资源与环境压力、建筑质量压力、节能减排约束等背景下产生的，2006 年住建部发布我们首部国家标准《绿色建筑评价标准》（GB/T 50378—2019），旨在通过绿色建筑推动中国建筑节能、最大限度地节约资源、减少环境污染。中国特色社会主义进入新时代，人们越来越关注健康，国家也提出了"健康中国"的发展战略，为人民群众提供全方位全周期健康服务。健康建筑赋予了建筑"以人为本"的新属性。2017 年 1 月，发布实施了我国第一部《健康建筑评价标准》（T/ASC 02—2016），旨在通过建筑中的空气、水、舒适、健身、人文、服务等方面综合促进建筑使用者的身心健康。

（2）涵盖领域不同。绿色建筑所涉及的专业领域均与建筑相关，包括规划、建筑、暖通空调、电气、给水排水、建材等。健康建筑所涉及的专业领域除建筑领域外，还包括公共卫生学、心理学、营养学、人文与社会科学、体育健身等很多交叉学科。

（3）关注对象不同。绿色建筑主要关注的对象是建筑本体性能，而健康建筑关注的对象是建筑中人的身心健康。

（4）指标要求不同。绿色建筑的技术指标是：安全耐久、健康舒适、生活便利、资源节约、环境宜居。健康建筑的技术指标是：空气、水、舒适、健身、人文、服务。

（5）可感知性不同。绿色建筑的可感知性在于通过建筑的规划、设计增强人的使用体验，健康建筑的可感知性通过不同形式向所有建筑使用者展示，包括对建筑中的空气质量、水质等进行监测并向建筑使用者公开发布；向业主展示室外空气质量、温湿度、风级及气象灾害预警信息；设置相关健康提示标识；开发健康建筑信息平台并向建筑使用者无偿提供相关讯息；公共区域设置板报、多媒体等宣传健康理念；设置健身场地、交流场地、文娱设施及活动等，健康建筑标识见图2-4。

图2-4　健康建筑标识

（二）健康建筑案例

同济大学新建嘉定校区体育中心项目是上海市首批健康建筑试点示范工程，位于上海市嘉定区曹安公路4800号同济大学嘉定校区内，如图2-5所示。

图2-5　同济大学新建嘉定校区体育中心项目

项目南侧为现有足球场地，北侧临校外城市干道，西侧为景观河流，东侧靠近学生生活区，建设占地面积约 9169m²，总建筑面积 13410 m²。其中，地上建筑面积 12159 m²，地下建筑面积 1251 m²。地上两层，地下一层。同济大学嘉定校区体育中心项目规划和设计立足于满足功能要求为基础，主要为上课、健身、训练等功能服务，同时为校园大型室内表演、聚会、展览提供场所，采取多项健康技术措施，着力打造健康、舒适、高效的综合性体育场馆。

项目从健康舒适性、创新性、可持续性及经济性出发，为学校提供了一个满足平日教学需求同时满足标准赛事需求的健康型体育中心。项目采取了一系列健康舒适的技术措施，如游泳馆结合场地特色，在屋顶开启时，室内游泳馆与西侧景观河流相互辉映，形成了非常良好的空间感受；体育馆自然导光管设计，节约能耗的同时也为使用者提供了良好的场地光环境。

三、 低碳建筑

（一） 低碳建筑的概念

低碳建筑（Low Carbon Building）是指在建筑材料与设备制造、施工建造和建筑物使用的整个生命周期内，减少化石能源的使用，提高能效，降低二氧化碳排放量。

低碳建筑是针对碳排放对气候变化影响背景下提出的，特别关注建筑的设计、建造和使用过程中碳的排放，以碳足迹为评价依据。作为建筑物，无论在时间和空间上，它的碳排放是影响环境的主要来源，"低碳建筑"是当前"绿色建筑"理念的前沿体现。

（二） 低碳建筑案例

中国首座零碳排放的公共建筑——上海世博零碳馆。零碳馆位于上海世博园区城市最佳实践区，总建筑面积 2657m²，由南北两栋四层的连体建筑构成，是向全球展示城市层面节能减排设计的最佳案例，如图 2-6 所示。零碳馆从自然界收集阳光、空气、电力和水，利用太阳能、风能和水源热能联动来实现空间内的通风、制热、制冷和除湿等，满足人居舒适性的各项要求。坡屋顶上大面积的太阳能板，提供馆内运营所需采暖制冷、太阳能热水。建筑的北面通过漫射太阳光培育绿色屋顶植被，由雨水收集系统和滴灌技术，自动对屋顶植被进行灌溉，这些植物可作为装饰，也是中和碳排放不可缺少的角色。零碳馆最引人注目的莫过于五颜六色的风帽，跟随风向灵活转动，利用温压和风压将新鲜的空气源源不断地输入每个房间，并将室内的污浊空气排出，随时保持室内空气纯净和舒适。世博零碳馆除了利用传统的太阳能、风能实现能源"自给自足"外，还取用黄浦江水，利用水源热泵作为房屋的天然"空调"；用餐后留下的剩饭剩菜，也被降解为生物质能，用于发电。在世博会零碳馆还展示了地产、交通、建材及跨行业在节能减排、对抗气候变化方面所做出的努力。

图 2-6　上海世博零碳馆

　　中新天津生态城公屋展示中心。中新天津生态城公屋展示中心位于天津市中新天津生态城 15 号地公屋项目内，总用地 8090m²，总建筑面积 3467m²，其中地上两层 3013 m²，地下一层 454m²，结构体系为钢框架结构，建筑总高度 15m。项目集众多先进环保技术于一身，屋顶太阳能光伏板提供足够使用的电能、基于烟囱效应的通风系统实现室内外空气循环、利用导光筒折射和反射太阳光为室内照明、地源热泵为建筑内供热制冷等。通过应用先进建筑技术、多种可再生能源实现零碳排放，如图 2-7 所示。

图 2-7　中新天津生态城公屋展示中心

　　香港零碳天地，包括一栋集绿色科技于一身的两层高建筑，以及环绕其四周的全港首座原生林景区，通过绿色设计和清洁能源技术，不仅成功消灭建筑自身的碳足迹，还有多余电力回馈城市电网。建筑的屋顶北高南低，水平仰角 21°，让屋顶的太阳能板接受最多光照，同时增加室内采光。整座建筑大致坐北朝南，迎风而立，利用从海面吹来的自然风为室内通风。进入室内时比原来的温度降低 5℃。顺应自然的建筑设计，而在被动建筑设计无法满足日常需求的时候，就需要主动技术干预辅助、调节室内环境。"零碳天地"拥有一套智能建筑管理设备，依靠分布在主建筑内外的 2800 个探测器，掌握室内外的温度、湿度、光照及二氧化碳情况，如图 2-8 所示。

图 2-8　香港零碳天地

　　成都"近零碳建筑"，中建低碳智慧示范办公大楼。该大楼采用了 30 多项低碳建筑技术，是国家重点研发计划"绿色建筑及建筑工业化"重点专项科技示范工程。8000 多平方米屋顶花园与光伏一起综合年固碳量超过 1000t。采用层层退台的设计，一方面是为了利用场地高差减少开挖土石方，更主要是为实现空气更顺畅地流通。屋顶是共 8000 多平方米的花园，大楼四周也布满绿色的藤蔓，采用本地的植物，成本低、易于维护。屋顶花园和垂直绿化实现大楼屋顶和四周墙面全覆盖，像是为建筑戴上了"防晒帽"和"防护外套"，能实现为大楼降温，消减大楼的城市热岛效应。在大楼的地下室内还设置了雨水收集池，用于植物灌溉和场地冲洗，在灌溉上，则通过智慧灌溉系统来节约水资源，根据测算，每年可减少用水约 1700t。在中建低碳智慧示范办公大楼顶部设置有 540 m² 光伏板，整个大楼一二层的示范区域照明、电脑用电以及地下室照明和充电，都来自大楼六层及七层的分布式光伏发电。大楼分布式光伏板面积总共 865 m²，装机容量 163kW，年发电量约 12.9 万 kWh，如图 2-9 所示。

图 2-9　中建低碳智慧示范办公大楼

　　世界首个零碳社区，英国贝丁顿社区。贝丁顿（BedZED）零碳社区位于英国伦敦西南的萨顿镇（图 2-10），由英国著名生态建筑师比尔·邓斯特（BillDunster）设计。占地 16500m²，包括 82 套公寓和 2500m² 的办公和商住面积，是世界上第一个完整的生态村，也是英国最大的零碳生态社区，被誉为人类的"未来之家"，已成为世界低碳建筑领域的标杆式先驱。英国贝丁顿社区所使用的能源主要来自两个方面：一是在建筑的楼顶和南面大面积安装的太阳能光伏板，二是社区里建有一个利用废木头等物质发电并提供热水的小型热电厂。社区内的小型热电厂使用的燃料不会对环境造成额外负担。它在发电过程中产生的热能也被用来加热热水，通过管道送入社区内的每家每户。采取这些措施后，只要没有特殊需求，居民家中就不必再安装暖气，减少了能源消耗。

　　新加坡建设局办公大楼。新加坡建设局办公大楼是新加坡首座零碳建筑，如图 2-11 所示。它是由一栋老房子改造而来的，目前已成为新加坡样板建筑，集成了采光、通风、清洁可再生能源、绿植等多项绿色设计与技术。为了有效遮挡阳光和利用太阳光，这座零碳大楼外墙按照适当的光照角度设置了遮阳板和导光板，阻止强烈的阳光透过玻璃直接射入室内，起到降温作用的同时，还可以将自然光线更深地反射到办公室，增加办公室的亮度，从而减少电源的使用。大楼拥有几个天井，通过导光管将太阳光从各管口折射进来，而且这个自然采光灯的亮度是可以人工调节的。另外，整栋大楼已实现电能的自收自支。楼顶的太阳能板将太阳能转化为电能，在发电高峰时还可将电能输送到公共电网。

图 2-10 英国贝丁顿社区

图 2-11 新加坡建设局办公大楼

☞思政小贴士： 2022 年 3 月 1 日，住房和城乡建设部印发《"十四五"建筑节能与绿色建筑发展规划》，要求：提高新建建筑节能水平。引导京津冀、长三角等重点区域制定更高水平节能标准，开展超低能耗建筑规模化建设，推动零碳建筑、零碳社区建设试点。在其他地区开展超低能耗建筑、近零能耗建筑、零碳建筑建设示范。推动农房和农村公共建筑执行有关标准，推广适宜节能技术，建成一批超低能耗农房试点示范项目，提升农村建筑能源利用效率，改善室内热舒适环境。

四、 生态建筑

（一）生态建筑的概念与发展

生态建筑（ECO，Ecological Building）概念与生态系统相关，可认为是一种参考生态系统的规律进行设计的建筑。其核心观念是一种自我循环的稳定状态，生态建筑的力学状态是能在小范围内达到自我循环，而不对环境造成负担。根据当地的自然生态环境，运用生态学、建筑技术科学的基本原理和现代科学技术手段等，合理安排并组织建筑与其他相关因素之间的关系，解决建筑中的生态与环境问题，使建筑和环境之间成为一个有机的结合体，同时具有良好的室内气候条件和较强的生物气候调节能力，以满足人们居住生活的环境舒适，使人、建筑与自然生态环境之间形成一个良性循环系统。

生态建筑是指在设计、建造、使用和维护过程中最大限度地降低对环境的负面影响，同时最大化促进人类健康和福利的建筑物。它通常包括节能、水资源管理、环境友好材料使用、室内环境质量等方面。

生态建筑的发展历史可以追溯到 20 世纪初，当时有人开始关心建筑与自然环境的关系。20 世纪 60 年代，美国建筑学家 Ralph Erskine 提出生态建筑的概念，倡导根据气候、地形和自然环境等条件来设计建筑。随着人们对可持续发展的重视和环保意识的增强，生态建筑在 20 世纪末期迅速发展起来，并在 21 世纪得到广泛应用。目前，各国政府和建筑业界也在不断推动生态建筑的发展。

（二）生态建筑的应用

随着环境问题和可持续发展理念逐渐引起人们的关注，生态建筑得到了广泛应用和推广。在设计、建造、使用和维护过程中，生态建筑致力于最大限度地降低对环境的负面影响，同时最大化促进人类健康和福利的建筑物。生态建筑的应用主要体现在以下几个方面：

（1）生态建筑在节能方面有着显著的优势。通过采用高效的节能设备和技术，以及利用太阳能等可再生能源，建筑可以最大限度地减少能源消耗。例如，在日本，一些公共建筑和住宅建筑采用光伏发电系统，可以满足自身的用电需求，并将多余的电能输送到电网上，为其他建筑供电。此外，一些生态建筑还配备了智能控制系统，可以根据不同的环境条件自动调节室内温度、湿度、光照等参数，实现更加高效的节能效果。

（2）生态建筑还注重保护水资源。在建筑设计和施工过程中，采用节水设施，例如低流量厕所、节水龙头和淋浴器，可以降低用水量并减轻对城市供水系统的压力。而在室外环境中，收集雨水并进行处理后，可以作为浇灌植物的水源，也可用于消防设施等。此外，一些生态建筑还使用灰水回收系统，将洗衣机、洗碗机等产生的废水加以处理，然后再次利用。

（3）生态建筑注重使用环保材料。采用低污染、可回收和可再利用的材料，可以减少对环境的损害，并降低建筑倒闭时的拆除和清理成本。例如，绿色屋顶是一种经过设计的屋顶，覆盖着植物和土壤，可以减少建筑物表面的温度，并且能够吸收空气中的有害物质。此外，建筑材料的选择还应考虑其对室内空气质量的影响，如选择低 VOC（挥发性有机化合物，Volatile Organic Compounds）含量的材料，以及不含甲醛等有害物质的材料。

（4）生态建筑注重室内环境质量。室内光线、温度、湿度等条件对人的健康和舒适有着重要的影响。生态建筑通过采用良好的隔热材料、通风设施和智能控制系统，可以实现室内温湿度的自动调节，同时确保室内空气质量达标。例如，一些办公建筑安装了 CO_2 排放控制系统，可以根据使用情况及时调整新风量，保持室内空气清新。

总之，生态建筑作为一种可持续发展的建筑模式，旨在最大限度地减少对环境的负面影响，促进人类福利。其应用范围广泛，不仅包括住宅建筑、商业建筑和公共建筑等各类建筑，还可以扩展到城市规划、景观设计等领域。在未来，随着社会的不断发展和人们环保意识的提高，生态建筑将会得到更加广泛的应用和推广。

（三）生态建筑案例——上海自然博物馆新馆

上海自然博物馆新馆坐落于上海市静安区，静安雕塑公园中，具有极佳的外部环境条件。公园四周被山海关路、石门二路、北京西路、成都北路围合，博物馆从公园中盘旋而生。其建设规模、展品存量和展示手段都位居国内三大自然博物馆之列。上海自然博物馆新馆建筑基地面积 12029m²，地下用地范围 16294 m²，总建筑面积约 44800 m²，其中地上建筑面积 11789 m²，地下建筑面积 33011 m²。建筑总高度 18m，地上三层，地下二层，包括以下功能分区：展示区域及公共服务配套、行政管理办公区域、周转库房、设备用房及其他配套用房、地下停车库等。除在建筑造型上与自然协调外，新馆从设计伊始就树立了"生态、节能、减废、健康"的绿色目标，即力争使其从形式到内质都体现出"生于自然，融于自然，还于自然"的绿色精神。项目荣获国家"绿色建筑评价标识"三星级·美国绿色建筑协会"能源与环境设计先锋奖 LEED"金奖·国家新能源利用示范工程，如图 2-12 所示。

图 2-12 上海自然博物馆新馆

五、 可持续建筑

可持续建筑（Sustainable Building）是英国人查尔斯·凯博特博士 1993 年提出的，旨在说明在达到可持续发展的进程中建筑业的责任，指以可持续发展观规划的建筑，内容包括从建筑材料、建筑物、城市区域规模大小等，到与这些有关的功能性、经济性、社会文化和生态因素。

2000 年，BREEAM 体系（英国建筑研究院环境评估方法体系）首次发布它的住宅版本《生态家园》（Eco - homes：The Environmental Rating for Homes），用于评价新建或改建的小住宅和公寓。生态家园评估体系主要是为了保证住宅能满足人们高质量的生活需求，并使其具有健康、舒适的内部环境。其评估内容主要包括能源、污染、交通、水材料、生态与土地利用、健康 7 个方面。根据不断变化的实际情况及公众对生态住宅认识的不断深化，BREEAM 体系的《生态家园》进行了几次修改，其最新版本是 2006 年 4 月公布的。随着住宅市场对《生态家园》认知度的提高以及对住宅可持续性能要求的提高，2006 年 12 月基于生态家园评估体系的《可持续住宅标准》（The Code for Sustainable Homes）正式颁布。2007 年 4 月，《可持续住宅标准》取代《生态家园》，作为生态住宅建筑的评价标准。可持续建筑示例见图 2-13。

图 2-13 可持续建筑

可持续建筑意味着能够满足消费者的要求，从项目的最初阶段就考虑所需的时间和自然资源，以最自然的方式进入环境，通过使空间和材料完全可重复使用来提前规划。

可持续建筑不仅关注"环境—生态—资源"问题，同时也强调"社会-经济-自然"的可持续发展，涉及社会、经济、技术、人文等方方面面。它的内涵和外延较前三者要丰富深刻、宽广复杂得多。在可持续建筑提出后，在其思想原则指导下，"绿色建筑"的内涵和外延又在不断扩展。

☞思政小贴士： 可持续建筑主张在设计时统筹考虑以下几个方面：与自然环境共生、建筑节能及环境技术的应用、循环再生型的建筑、舒适健康的室内环境、融入历史与地域的人文环境等。目前在建筑设计领域，绿色建筑、生态建筑等概念就是可持续建筑设计的实践。建筑环境的可持续发展包括：①建筑应与地形地貌相结合，达到建筑与环境共生，减少对环境的破坏；②注重新材料、新工艺、新技术的应用，采用更有利于环境的加工技术和设备；③注重建筑节能，推广使用高效绝热节能材料，提高建筑热环境性能；④充分利用气候资源；⑤节约用水；⑥通过绿化建筑来净化空气、减少噪声、维护生态平衡；⑦树立建筑材料循环使用的意识，在最大范围内使用可再生的地方性建筑材料，争取重新利用旧的建筑材料和构件。

表 2 - 1　　　　　　　节能建筑，绿色建筑，生态建筑和可持续建筑的比较

类别	不同点	相同点
可持续建筑	以可持续发展观规划建造的建筑；与环境融合，降低环境负荷	实现建筑与环境和谐共生，可持续发展
生态建筑	尽可能利用当地自然条件；不破坏当地环境；把建筑当作一个独立的生态系统；物质和能源能够在建筑系统中有秩序地循环转换	
低碳建筑	整个生命周期内，减少化石能源的使用，提高能效，降低二氧化碳排放量	
绿色建筑	在建筑全生命期内实现健康、高效、适用的居住、工作和活动的空间	
健康建筑	关注使用者身心健康、实现健康性能提升	
节能建筑	达到或超过节能设计标准要求的建筑；满足建筑物能耗指标要求，可能利用可再生能源	

　　"绿色建筑"的说法具有比生态建筑更强的适应性、可操作性和扩展性，它应当成为可持续发展建筑在特定时期的具体体现。可持续发展建筑具有宏观和微观两个层面的意义，宏观层面研究解决建筑产业的系统问题，微观层面研究解决特定时期中建筑的实施问题。生态建筑的研究只有跨越具体建筑的环境空间，以更大的尺度来研究建筑的生态系统才有真正的意义，而这必然决定了它的研究对象绝不是仅仅针对一个个具体的建筑单体，而应该是一个产业系统。生态建筑与绿色建筑成为持续发展建筑这同一问题的两个方面，它们相辅相成，共同推进建筑的可持续发展。

　　☞思政小贴士：　党中央、国务院高度重视资源节约集约利用。党的十八大将生态文明建设纳入中国特色社会主义事业"五位一体"总体布局，提出大力推进生态文明建设，并将"全面促进资源节约"作为其主要任务之一。

项目二　资　源　节　约

　　绿色建筑的节约环保是要求人们在建造和使用建筑物的全过程中，最大限度地节约资源、保护环境、维护生态和减少污染，将因人类对建筑物的构建和使用活动所造成的对自然资源与环境的负荷和影响降到最低限度，使之置于生态恢复和再造的能力范围之内。随着人民生活水平的提高，建筑能耗将呈现持续迅速增长的趋势，加剧能源资源供应与经济社会发展的矛盾，最终导致全社会的能源短缺。降低建筑能耗，实施建筑节能，对于促进能源资源节约和合理利用，缓解能源供应与经济社会发展的矛盾，有着举足轻重的作用，也是保障国家资源安全、保护环境、提高人民群众生活质量、贯彻落实科学发展观的一项重要举措。因此，如何降低建筑能源消耗，提高能源利用效率，实施建筑节能，是可持续发展亟待研究解决的重大课题。

任务一　节能

🖥 任务导入

　　据估算建筑能耗（包括建造能耗、生活能耗、采暖空调等）约占全社会总能耗的 25％，

加上建材生产能耗，建筑能耗约占社会总能耗的 35％～40％，建筑节能对全社会能耗的降低意义重大。

任务目标

掌握绿色建筑节能的意义与措施。

一、建筑节能的意义

中国建筑节能协会、重庆大学在线发布《2022 中国城乡建设领域碳排放系列研究报告》显示，2020 年全国建筑全过程（含建材生产、建筑施工和建筑运行）能耗总量为 22.7 亿 t 标准煤（tce），占全国能源消费总量比重为 45.5％；二氧化碳排放总量为 50.8 亿 t，占全国碳排放的比重为 50.9％。其中，建材生产阶段的能耗和碳排放占比均最高，分别占全国能耗总量和碳排放总量的 22.3％和 28.2％，分别是 11.1 亿 t 和 28.2 亿 t；建筑运行阶段的能耗和碳排放量次之，占全国的比重分别是 21.3％和 21.7％，分别是 10.6 亿 t 和 21.6 亿 t。建筑施工阶段的能耗和碳排放都最少，占比也最低。

我们每年城乡新建房屋建筑面积近 20 亿 m²，其中城镇每年新建建筑面积为 9 亿 m² 至 10 亿 m²，80％以上为高耗能建筑。既有建筑近 400 亿 m²，95％以上是高能耗建筑，建筑节能已成为节能减排的重点对象。由于建筑物具有周期较长的特点，拆除和重建过程中需要浪费更多能源，而继续使用，因其不够节能的围护结构和供暖方式，存在着巨大的能源浪费。因此，建筑节能在未来建筑的建设和使用过程中非常重要。

建筑节能是指在建筑材料生产、房屋建筑和构筑物施工及使用过程中，满足同等需要或达到相同目的的条件下，尽可能降低能耗。减少能源需求的方法：建筑规划与设计、围护结构、提高终端用户用能效率、提高总的能源利用效率。

二、建筑节能的措施

建筑节能措施如下：

（1）建筑物的朝向和平面布置尽量符合节能要求，减少热损失。

（2）充分利用自然通风，减少空调能耗。

（3）尽量提高空调、制冷、采暖和照明等设备的效率。

（4）尽量采用可重复使用的建筑材料。

1）高效节能玻璃研发吸热玻璃或热反射玻璃，吸收或者反射太阳辐射热。大力发展中空玻璃和低辐射玻璃，目前低辐射玻璃是节能效果最好的玻璃。

2）空气渗透及门窗气密性能改善研究由于建筑能耗中的空气渗透耗热量所占比重很大，因此各国大力聚集于空气渗透以及门窗节能性能改善的研究。在这方面英国取得了较大的成就，他们研究了热压与风压对空气渗透的联合效应，并且编制了阿拉普电算程序，对热压与风压联合作用下的空气渗透量进行精准地计算，以此指导暖通空调的设计。

3）新型保温材料国外发达国家已经普遍采用具有高效节能作用的保温材料运用在复合墙体和屋面上，这些优良的保温材料是建筑节能的良好保证。

4）热回收装置为建筑安装热交换器，其原理是利用排出的热空气加热进入的冷空气或利用排出的冷空气使进入的热空气降温。这种热回收装置，可以从排出的空气中回收60％～

80％的能源。

5）红外热反射技术是在建筑物内外表面或外围护结构内的空气间层中，采用高纯度铝箔或者其他高效热反射材料，将大部分红外线反射回去，因此对建筑物起到保温隔热的作用。发达国家通过大量应用工业废弃材料来降低建材生产过程中的能源消耗，从而提高工业生产中的能源利用效率；研究高效保温隔热材料方面的技术并进行开发使用；开发并推广节能供暖技术和节能型的设备。

☞思政小贴士：　党的二十大报告强调实施全面节约战略、推进各类资源节约集约利用，进一步为节水工作指明了方向、明确了任务。面对新形势新挑战，我们要不断开拓进取、砥砺前行，坚持实施创新驱动发展战略，深化节水科技赋能，坚定不移推进节水科技自立自强，以科技创新引领节水高质量发展。要加强节水技术创新研发，加快探索新一代信息技术在节水领域应用场景，大力支持引进消化吸收再创新。强化节水技术推广应用，推进"政产学研用"深度融合，加快节水技术成果转化。加快培育壮大节水产业，推进国家重大节水技术装备产业化工程建设，做大第三方节水服务市场。加大节水科技人才培养力度，加速培养造就更多节水领域优秀领军人才、创新团队和高技能人才。

任务二　节地

任务导入

我国土地资源表现为"一多三少"，即总量多，人均耕地少，高质量耕地少，可开发的后备资源少。经过多年高速发展，在城镇化刚刚步入中期阶段的时候，许多城市资源环境承载能力已明显减弱，水土资源不足、土地污染等问题凸显，我国已经到了必须在发展中加快提质增效升级的关键时期，粗放扩张、人地失衡、举债度日、破坏环境的老路不能再走，也走不通。采取有力措施，大力推进土地节约集约利用，既是我国特殊土地国情的根本要求，也是特定发展阶段的现实选择。

任务目标

了解绿色建筑的节地的含义与方法。

一、节地的含义

中国自然资源部对节约集约用地规定了明确的定义：建筑节地主要包括三层含义：一是节约用地，就是各项建设都要尽量节省用地，千方百计地不占或少占耕地；二是集约用地，每宗建设用地必须提高投入产出的强度，提高土地利用的集约化程度；三是通过整合、置换和储备，合理安排土地投放的数量和节奏，改善建设用地结构、布局，挖掘用地潜力，提高土地配置和利用效率。

建筑节地的涵义是：一是要合理规划住宅建设用地，尽可能少占耕地，要多利用荒地、劣地、坡地等；二是要合理规划居住区，在保证住宅使用舒适度的前提下，合理设计居住区的规模和住宅层数，提高单位用地的住宅面积密度；三是要通过优化设计，改进建筑结构形式，加大可利用空间的面积；充分利用地下空间，提高土地利用率；延长住宅寿命，减少重复建设；合理控制住宅体形，实现土地资源的集约有效利用；四是要合理规划居住区的环境绿化用地，满足人们对室外环境的要求，通过地下停车或者建设立体车库，减少地面停车面积，以留出更多居住建设用地。应该从三个方面抓好住宅节地问题：一是规划层面，通过合理规划布局，提高土地利用的集约和节约程度，当前应抓好各类开发区土地的集约和节约利用；二是加大墙体改革力度，通过新型墙体材料的普及使用，减少黏土砖生产对耕地的破坏；三是深入开发利用城市地下空间。

二、 节约用地的原则

节约用地的原则包括：

(1) 科学规划，平衡用地需求和资源保护。

(2) 国土节约，合理利用土地，降低浪费。

(3) 市场导向，根据市场需求进行建设。

(4) 环境友好，尽量减少对自然环境的影响。

(5) 生态优先，保护自然生态环境。

(6) 效益优先，最大化社会经济效益。

三、 节约用地的方法

建筑设计大师张开济提出"多层高密度"住宅规划设计和"利用内天井，加大进深，缩小面宽，节约用地"的思想，他认为建设高层住宅并不是节约住宅用地的唯一途径，住宅节约用地应该从住宅组团规划和住宅单体设计两个方面来解决。住宅的组团规划应按照"多层高密度"的思想，利用住宅院落式布置的方法来进行规划设计。

戴念慈提出了四种节约用地的途径：一是通过改变住宅的层数、层高、间距系数、标准层每户面宽、进深来减少住宅基本用地；二是适当考虑少量的东西朝向的建筑，使两栋楼所需的间距空地重叠起来；三是利用靠近住宅的马路空间，把房屋所需的日照间距空间和马路空间重叠起来；四是运用高层塔楼住宅在节约用地方面的优势。同济大学建筑系提出台阶式住宅的节地设计方法，采用行列式布局方式，将弄道设置其中，并将房屋端墙贴临街道布置，充分利用土地，住宅设计通过层层跌落的五、四、三层台阶式设计来减少日照间距，并且通过内部小天井的设置来增大进深、缩小面宽的设计方法来达到高密度的效果。

任务三　节水

📋 任务导入

水资源是比较稀缺的资源，在实际生活中，水资源的使用量很大，使用效率很低，造成水资源的巨大浪费。所以合理的节水节能措施非常重要。

📶 任务目标

了解绿色建筑的节水的现状与措施。

一、绿色建筑节水的现状

水是事关国计民生的基础性自然资源和战略性经济资源，是生态环境的控制性要素。我国人多水少，水资源时空分布不均，供需矛盾突出，全社会节水意识不强，水资源利用效率与国际先进水平存在较大差距，水资源短缺已经成为生态文明建设和经济社会可持续发展的瓶颈。

绿色建筑节水分为三层含义：一是减少水的用量；二是提高水的使用效率；三是减少漏损。具体可以从以下方向推进：减小管网漏损率；推广节水器具的应用；雨水回收利用、中水再生水的处理再利用；严格执行节水标准和采取有效节水措施。

目前已经出台了相应的法规，但落实起来还是存在一定的难度，同时施工水平、产品管理和监督都不甚完善，这就更加决定了我们必须要加强管理。人们在使用水的过程中，往往意识不到水的浪费。这种浪费主要有：一是超压出流。超压出流不仅会使给水系统中水量分配不均衡，而且会产生浪费水量；二是热水系统的无效冷水。主要是使用热水时，管中的水经常不能达到需要温度，必须先放掉原来的冷水后才可以，这部分冷水就被浪费；三是管道及阀门泄漏。

二、绿色建筑节水的措施

（一）减少超压出流

设计者可优化系统设计、选用减压装置及合理选择给水配件，多方面入手必将有效减少超压出流水量。

（1）给水系统设计中合理限定配水点的水压。

（2）采用一定的减压措施。主要措施有：

1）设置减压阀通过对几处建筑的入户支管设置减压阀，测试其出水量发现在所测试的楼层中，没有一处处于超压出流状态。减压阀的作用很好地体现出来，出水流量大大减少。

2）设置减压孔板的原理是通过消能作用降低给水配件前的剩余水压，以平衡给水系统供水压力，减少水源浪费；其优点是构造简单，经多年研究及检验，已形成标准化；其缺点是只支持动压减少，对静压不起作用，且稳定性不够，遇到水质差的地区，容易堵塞板孔。因此使用前应注意水质和水压问题。

3）设置节流塞与减压孔板类似，主要安装在小管径及配件上。

（3）采用节水龙头。节水龙头的使用能有效减少出水流量，达到较好的节水效果。

（二）分质供排水

随着生活水平的提高，人们对生活和生产的用水量也逐年提高，面对有限的水资源，两者的矛盾日益显现。在这一背景下，人们开始从传统的集中供排水体制慢慢向分质供排水体制转变。依据不同用途，分质供水一般分为优质饮用水、市政供水和中水（再生水和雨水）三种；依据收集、再生与排放的目的，分质排水包括优质杂排水、杂排水和生活污水，并分别设置相应的排水系统。根据当地的实际情况有效利用降水和海水，同样也可以有效解决水资源紧缺的问题。

分质供水是依据使用者的要求和目的不同，来分别提供不同质量的水，通常分为优质饮用水、市政供水和中水三类。优质饮用水指把市政供水进一步深度净化处理，使用者可直接饮用，即直饮水。直饮水的输送需要在原有给水管网上，再增加一条单独的管道输送给用户；传统的市政供水主要用途是人们日常生活中的做饭、洗涤、洗浴及盥洗等；中水是品质低，不适合饮用的水，主要来源于生活污水和冷却水，主要用于不与人体直接接触的杂用水，如灌溉城市绿地、喷洒清晰道路、城市景观用水、农业灌溉、洗车、工业冷却水、冲洗厕所、消防等。分质供水效果示例见图2-14。

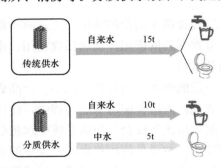

用中水代替自来水——等于节省了5t优质的自来水

图 2-14 分质供水示意图

分质排水是按排水的污染程度和回收污水后的使用目的，分别收集、排放及处理污水的方式。主要的做法是在建筑内部设置两个排水管道系统：杂排水管道和粪便污水管道，前者主要收集各种杂排水，并输至中水系统处理后可用于园林绿化、道路清洁、冲厕洗车、消防和水景等；后者主要收集便器的污水，送至化粪池处理后再排入市政管道。

雨水利用是指在一定范围内采取各种措施保护和利用雨水资源。雨水利用通常有三种形式：一是在特殊面上进行收集，收集到的雨水经过简单处理后直接回用；二是利用各种天然或人工的水体对雨水调蓄净化，改善城市水环境；三是通过各种渗透设施让雨水进入地下，补充日益紧缺的地下水源。雨水收集的方法很多，可以用任何硬质的平台收集，如露台、路面和停车场等。其中屋面雨水收集最为简单易行，广为应用。收集到雨水的用途非常广泛，多用于农业灌溉和生活饮用。

（三）节水器具的使用

卫生洁具是人们用水的最后单元，用水量多少直接影响绿色建筑的节水效果。推广运用节水器具是绿色建筑节水的重要途径和措施。在用水器具的选择上，应优先选用《当前国家鼓励发展的节水设备》（产品）目录中公布的设备、淋浴装置和器具。严重缺水地区可选择真空节水技术见表2-2和表2-3。

表 2-2　　　　　　　各类生活用水器具类型及水效等级对照参考表

类型		高效节水型	节水型	非节水型
水效等级		1级（节水先进值）	2级（节水评价值）	3级（水效限定值）
水嘴	洗面器、厨房、妇洗器水嘴用水量	≤4.5L/min	≤6.0L/min	≤7.5L/min
	普通洗涤水嘴用水量	≤6.0L/min	≤7.5L/min	≤9.0L/min
	延时自闭水嘴开启一次的给水量不大于1L，时间4～6s			
	引用标准：水嘴水效限定值及水效等级（GB 25501—2019），2020年7月1日开始实施			
淋浴器	手持式花洒用水量	≤4.5L/min	≤6.0L/min	≤7.5L/min
	固定式花洒用水量			≤9.0L/min
	引用标准：淋浴器水效限定值及水效等级（GB 28378—2019），2020年7月1日开始实施			

续表

类型		高效节水型	节水型	非节水型
小便器	用水量	≤0.5L	≤1.5L	≤2.5L
	引用标准：小便器水效限定值及水效等级（GB 28377—2019），2020年7月1日开始实施			
坐便器	平均用水量	≤4.0L	≤5.0L	≤6.4L
	双冲全冲用水量	≤5.0L	≤6.0L	≤8.0L
	双冲半冲用水量	每个水效等级中双冲坐便器的半冲平均用水量不大于其全冲用水量最大限定值的70%		
	引用标准：坐便器水效限定值及水效等级（GB 25502—2017）			
蹲便器	平均用水量　单冲式	≤5.0L	≤6.0L	≤8.0L
	平均用水量　双冲式	≤4.8L	≤5.6L	≤6.4L
	双冲全冲用水量	≤6.0L	≤7.0L	≤8.0L
	双冲半冲用水量	每个水效等级中双冲蹲便器的半冲平均用水量不大于其全冲用水量最大限定值的70%		
	引用标准：《蹲便器水效限定值及水效等级》（GB 30717—2019），2021年1月1日开始实施			

表2-3　　　　　　　　　　　　国家鼓励的工业节水工艺、技术

序号	名称	技术简介和应用	适用范围
1	循环水综合处理技术	该技术集成过滤器、电子除垢器、除菌器等水处理设施，可全自动运行并远程控制，大幅减少循环水中杂质、菌、藻类和水垢产生	适用于工业循环冷却水系统
2	循环排污水提标处理技术	该技术针对循环排污水含有难降解有机物、可生化性较差的特点，采用曝气生物流化床＋臭氧生物活性炭滤池技术对排污水进行处理	适用于工业循环排污水处理回用
3	循环水臭氧高级氧化技术	该技术主要通过臭氧与过氧化氢与水作用形成O、OH等天然强氧化性物质，杀灭细菌、藻类、消除生物黏泥，臭氧能和钙离子发生络合反应的物质发生氧化还原反应，使水对钙的络合能力增加，起到阻垢作用，进而大幅提升循环水浓缩倍数；同时，可与高效汽水传质技术、纳米技术、自动控制技术等进行耦合，形成高度集成的设备系统，便于操作控制	适用于工业循环冷却水系统
4	循环水复合管膜高效过滤净化技术	该技术采用聚乙烯和聚氯乙烯、抗氧剂、润滑剂、增塑剂、稀土氧化物添加剂等制成非对称过滤管。当循环水进入过滤管，通过截留、吸附、渗透作用，实现除油、除悬浮物的目的	适用于循环水处理回用

序号	名称	技术简介和应用	适用范围
5	循环水电化学处理技术	该技术通过电解方式,利用阴阳电极作用,阴极区形成强碱性环境(pH>9.5),Ca^{2+}、Mg^{2+}形成氢氧化钙、碳酸钙、氢氧化镁,阳极区通过直流电流输出和催化涂层作用形成酸性环境(pH<3.5),产生Cl^-、HO^-、H_2O_2、O_3、氧自由基等强氧化性物质,有效控制微生物生长,实现循环冷却系统防腐阻垢。该技术可耦合膜技术、超声波除垢技术和臭氧杀菌技术,进一步强化循环冷却系统防腐阻垢效果,可使循环冷却水系统浓缩倍数得到提高	适用于工业循环冷却水系统

《水效标识管理办法》于 2018 年 3 月 1 日起实施,中国水效标识见图 2-15。

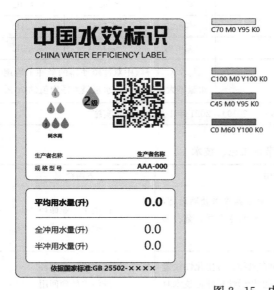
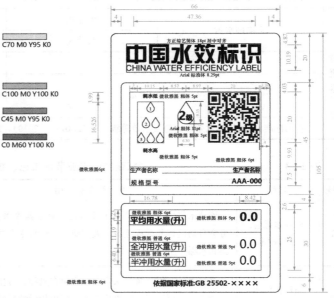

图 2-15　中国水效标识

任务四　节材

任务导入

建筑材料是建筑业的物质基础。据统计,在房屋建筑工程中建筑物成本的三分之二属于材料费;每年建筑工程的材料消耗量占全国总消耗量的比例大约为:钢材占 25%、木材占 40%、水泥占 70%。建材工业是对天然资源和能源资源消耗最高、破坏土地最多、对大气污染最为严重的行业之一,是对不可再生资源依存度非常高的行业。我们建筑业消耗了数量巨大的资源,使得我们人均资源匮乏的不利状况更加突出,已经对国民经济健康发展造成了负面影响,所以,建筑节材迫在眉睫,势在必行。

任务目标

了解绿色建筑的节材技术。

一、　绿色建筑用料节材技术

（一）采用强度更高的水泥及混凝土

建筑工程主要是采用钢筋混凝土建造的，所以每年混凝土用量非常大。混凝土主要是用来承受荷载的，其强度越高，同样截面积承受的重量就越大；反过来说，承受相同的重量，强度越高的混凝土，它的横截面积就可以做得越小，即混凝土柱、梁等建筑构件可以做得越细。所以，建筑工程中采用强度高的混凝土可以节省混凝土材料。

（二）采用商品混凝土和商品砂浆

商品混凝土是指由水泥、砂石、水以及根据需要掺加的外加剂和掺和料等组分按一定比例在集中搅拌站经计量、拌制后，采用专用运输车，在规定时间内，以商品形式出售，并运送到使用地点的混凝土拌和物。目前商品混凝土用量仅占混凝土总量的30%左右。商品混凝土整体应用比例的低下，也导致大量自然资源浪费。因为相比于商品混凝土的生产方式，现场搅拌混凝土要多损耗水泥10%～15%，多消耗砂石5%～7%。商品混凝土的性能稳定性也比现场搅拌好得多，这对于保证混凝土工程的质量十分重要。商品砂浆是指由专业生产厂生产的砂浆拌和物。商品砂浆也称为预拌砂浆，包括湿拌砂浆和干混砂浆两大类。四相比于现场搅拌砂浆，采用商品砂浆可明显减少砂浆用量。如果全国更大范围内推广应用商品砂浆，则节约的砂浆量相当可观。

（三）采用专业化加工配送的商品钢筋

专业化加工配送的商品钢筋是指在工厂中把盘条或直条钢线材用专业机械设备制成钢筋网、钢筋笼等钢筋成品，直接销售到建筑工地，从而实现建筑钢筋加工的工厂化、标准化及建筑钢筋加工配送的商品化和专业化。现行混凝土结构建筑工程施工主要分为混凝土、钢筋和模板三个部分。商品混凝土配送和专业模板技术近几年发展很快，而钢筋加工部分发展和钢筋加工生产远远落后于另外两个部分。建筑用钢筋长期以来依靠人工加工，随着一些国产简单加工设备的出现，钢筋加工才变为半机械化加工方式，加工地点主要在工地。现场加工的传统钢筋加工方式劳动强度大，加工质量和进度难以保证，材料浪费多，加工成本高，安全隐患多，占地多，噪声大。所以，提高建筑用钢筋的工厂化加工程度，实现钢筋的商品化专业加工与配送，是建筑行业的一个方向。

二、　绿色建筑结构节材技术

现浇钢筋混凝土梁板楼盖是目前建筑工程中应用最广泛的楼盖结构形式，梁板楼盖中结构平面布置及构件截面设计不同，直接对结构安全、耐久性、建筑材料用量、施工难易程度、施工质量、工期长短产生不同程度的影响。在设计过程中，对梁板结构进行优化，能够提高结构的正常使用性能和可靠性，有效地节约材料用量，提高经济性。

建筑可通过结构优化设计达到节材等相关技术要求。首先，结构平面布置对楼盖设计的合理性起关键作用，合理的结构平面布置使楼板形状规则、跨度均匀、传力途径简捷，使楼盖结构设计合理，既保证安全性，也兼顾经济性。其次，当结构平面布置中异形板确实无法避免时，由于采用传统设计方法对异形板进行计算分析存在一定缺陷，计算结果不准确甚至不正确，此时应采用更精细的计算模型，采用有限元分析方法等更细致的计算方法，力求真实反映结构受力状态，并依据正确的计算结果采取有效的结构措施。最后，在对绿色建筑施工图进行有关构件节材方面的审查时，应对结构布置方案比选论证，重点审查其构件设计是否符合节省材料、方便施工等要求，达到安全、经济、适用的目的。

三、 绿色建筑装修节材技术

我们普遍存在的商品房二次装修浪费了大量材料，有很多弊端。为此，应该大力发展一次装修到位。一次性装修到位不仅有助于节约，而且可减少污染和重复装修带来的扰邻纠纷，更重要的是有助于保持房屋寿命。一次性整体装修可选择模块化设计模式，由房地产开发商、装修公司、购房者商议，根据不同户型推出几种装修菜单供住户选择。

国外以及国内部分商品房项目的实践看来，模块化设计是以后发展的主要方向。业主只需从模块中选出中意的客厅、餐厅、卧室和厨房等模块，设计师进行自由组合，综合色彩、材质、软装饰等环节，统一整体风格，降低成本。

任务五　绿色施工

任务导入

随着人们对环境保护意识的不断提高，绿色施工已经成为建筑发展的必然趋势。绿色施工是一种以环保、节能、可持续发展为理念的建筑施工式，旨在减少对环境的影响，提高建筑的使用价值经济效益。

任务目标

了解绿色施工的内容。

绿色施工是建筑全生命周期中的一个重要阶段，是实现建筑领域资源节约和节能减排的关键环节，是建筑业承担社会责任的具体实践。绿色施工是指工程建设中，在保证质量、安全等基本要求的前提下，通过科学管理和技术进步，最大限度地节约资源与减少对环境负面影响的施工活动，实现节能、节电、节水、节材和环境保护（四节一环保）。推行绿色施工，是建筑业转型发展的新方向。与普通建筑不同，绿色建筑对环境保护性能和建筑完整性有更高的要求。绿色施工应符合现行国家标准《建筑工程绿色施工规范》（GB/T 50905）和《建筑工程绿色施工评价标准》（GB/T 50640）的要求。

党中央对生态文明建设做出了顶层设计和总体部署，明确将生态文明建设提升至与经济、政治、文化、社会四大建设并列的高度。中央《关于加快推进生态文明建设的意见》又明确提出："生态文明建设事关实现'两个一百年'奋斗目标，事关中华民族永续发展，是建设美丽中国的必然要求，对于满足人民群众对良好生态环境新期待、形成人与自然和谐发展现代化建设新格局，具有十分重要意义"。

绿色建筑与环境保护之间是相辅相成互利共生的，在绿色建筑的理念下，强调建筑施工的过程应当绿色化、生态化，该理念在环境保护的过程也起到了良好的反馈作用。绿色建筑施工的过程可以分为建筑的构造施工，比如运用装配式建筑进行现场的组装，通过建筑材料之间的搭配与组合进行绿色化建筑材料施工，采用当地已有的材质或者生态化材质进行设计，尽量减少对环境的损害，将绿色建筑施工与环境保护的概念充分结合起来。

实施绿色施工，应依据因地制宜的原则，贯彻执行国家、行业和地方相关的技术经济政策。绿色施工应是可持续发展理念在工程施工中全面应用的体现，绿色施工并不仅仅是指在工程施工中实施封闭施工，没有尘土飞扬，没有噪声扰民，在工地四周栽花、种草，实施定时洒水等这些内容，它涉及可持续发展的各个方面，如生态与环境保护、资源与能源利用、社会与经济的发展等内容。

按照住房和城乡建设部国家发展改革委教育部工业和信息化部人民银行国管局银保监会联合发布的《关于印发绿色建筑创建行动方案的通知》（建标〔2020〕65号），绿色施工包括施工管理、环境保护、节材与材料资源利用、节水与水资源利用、节能与能源利用和节地与土地资源保护六个方面。绿色施工管理包括组织管理、规划管理、实施管理、评价管理、施工人员职业健康安全管理等方面。施工企业推行绿色施工时，项目经理部应建立健全以项目经理为第一责任人、项目主要管理人员分工负责、项目建设各方全员参与的绿色施工管理体系，制定绿色施工管理制度及奖罚措施，负责绿色施工的组织实施，进行绿色施工教育培训，定期开展自检、联检和评价工作。绿色施工应坚持因地制宜、适用节约的原则，反对不切实际，杜绝铺张浪费。施工组织设计、绿色施工实施方案或专项施工方案中应充分体现绿色施工策划的要求。绿色施工是一个系统工程，项目从规划设计阶段即应有建设、设计、施工等各方全过程、全员参与，并应强化组织管理，责任到人，营造绿色施工氛围。

绿色施工技术除了文明施工、封闭施工、减少噪声扰民、减少环境污染、清洁运输等外，还包括减少场地干扰、尊重基地环境，结合气候施工，节约水、电、材料等资源或能源，环保健康的施工工艺，减少填埋废弃物的数量，以及实施科学管理、保证施工质量等。

绿色施工监测内容包括环境保护，材料资源利用，水资源利用，能源利用和其他常规监测内容，如图2-16所示。

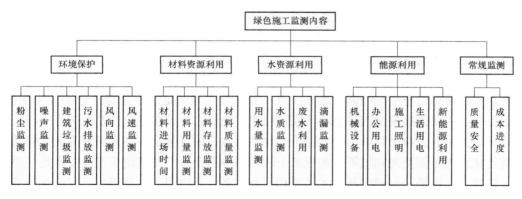

图2-16　绿色施工监测内容

☞思政小贴士：绿色施工应加强绿色施工新技术、新材料、新工艺、新设备应用，优先采用《建筑业10项新技术（2017版）》，共包107项技术。具体包括：

1. 地基基础和地下空间工程技术。它包括灌注桩后注浆技术、长螺旋钻孔压灌桩技术等13个子技术。

2. 钢筋与混凝土技术。它包括高耐久性混凝土、高强高性能混凝土等12个子技术。

3. 模板脚手架技术。它包括销键型脚手架及支撑架等 11 个子技术。

4. 装配式混凝土结构技术。它包括装配式混凝土剪力墙结构技术等 10 个子技术。

5. 钢结构技术。包括高性能钢材应用技术等 10 个子技术。

6. 机电安装工程技术。包括基于 BIM 的管线综合技术等 11 个子技术。

7. 绿色施工技术。它包括封闭降水及水收集综合利用技术等 11 个子技术。

8. 防水技术与围护结构节能。它包括：防水技术与围护结构节能等 10 个子技术。

9. 抗震、加固与监测技术。包括消能减震技术等 10 个子技术。

10. 信息化应用技术。包括基于 BIM 的现场施工管理信息技术等 9 个子技术。

项目三　居　住　健　康

住宅是人类生存、发展和进化的基地，人类一生约有三分之二的时间在住宅内度过，住宅生活环境品质的高低对人的发展及对城市社会经济的发展产生极大的影响。居住是城市的四大基本功能之一有效发挥的前提和基础。在满足住房面积要求同时，人们对室内舒适度的要求也越来越高，冬季希望有温暖舒适的居所，而夏季则渴望凉爽宜人的空间。现代科技的发展满足了人们的需求，新型的采暖设备、空调设备供应着市场，选用各种设备来改善居住热环境已成主流。人们越来越重视住宅的健康要素，绿色建筑有四个基本要素，即适用性、安全性、舒适性和健康性。适用性和安全性属于第一层次，随着国民经济的发展和人民生活水平的提高，对住宅建设提出更高层次的要求，即舒适性和健康性。健康是发展生产力的第一要素，保障全体国民应有的健康水平是国家发展的基础。健康性和舒适性是关联的。健康性是以舒适性为基础，是舒适性的发展提升健康要素，在于推动从健康的角度研究住宅，以适应住宅转向舒适、健康型的发展需要。提升健康要素，也必然会促进其他要素的进步。

党的十九大报告将"实施健康中国战略"作为国家发展基本方略的重要内容，并要求为人民群众提供全方位全周期的健康服务。对人民而言，健康是最普遍意义的美好生活需要；对国家而言，人民健康是民族昌盛和国家富强的重要标志。健康建筑产业发展是一项系统工程，涉及建筑科学、数字科学、公共卫生、食品营养、体育健身、健康管理等多个领域或行业，需要从宏观层面把握和统筹，实现多个领域的协同合作。健康建筑产业发展是一项民生工程，构建具有市场导向的创新技术体系和服务体系，是增强人民获得感、安全感和幸福感的重要保障。

世界卫生组织（WHO，World Health Organization）给出了现代关于健康较为完整的科学概念：健康不仅指一个人身体有没有出现疾病或虚弱现象，而是指一个人生理上、心理上和社会上的完好状态。建筑尺度相对较小，更容易通过技术手段控制建筑带来的健康风险因素，如装修污染、水质污染、热湿环境等。建筑服务于人，健康建筑的本质是促进人的身心健康，所以，中国健康建筑的发展理念之一是全面促进建筑使用者的生理健康、心理健康和社会健康。

室内热环境、声环境、光环境、室内空气品质等方面均可以压力源的方式诱使人体神经系统、内分泌系统与免疫系统产生一系列反应，进而对生理或心理健康产生影响。

根据室内环境因素作用于身体系统的不同，可将健康影响分成两大类。一类是直接作用于神经系统和内分泌系统，产生的健康影响包括：不舒适感；系统性的效应，例如注意力不集中、疲倦等；心理影响：抑郁、焦虑等。另一类是直接作用于免疫系统和内分泌系统，健康效应主要包括：刺激、过敏，例如由过敏反应引起的皮肤或呼吸道黏膜刺激、哮喘、皮疹等；感染性疾病，例如军团病；慢性毒性作用。

影响健康状态的居住环境因素复杂多样，不同的影响因素之间也可能会交叉影响，甚至不同层面的健康状态也会相互影响。影响居住健康的环境因素主要有居住环境与社区环境。其中居住环境包括空气质量、热湿环境、光环境、声环境、电磁辐射；社区环境包括建成环境和社会环境。

☞思政小贴士：　由国家市场监督管理总局、国家标准化管理委员会联合发布《室内空气质量标准》（GB/T 18883—2022）于 2023 年 2 月 1 日正式实施了。标准规定了室内空气中的 4 项物理性指标、16 项化学性指标、1 项生物性指标和 1 项放射性指标的卫生限值及检测方法，适用于住宅和办公建筑物，其他室内环境可参照该标准执行。该标准的正式实施对于加强我们室内空气质量管理，进一步降低室内空气污染物的浓度，保护公众健康等具有重要的意义。

任务一　居住环境

👤 任务导入

居住环境质量的优劣与健康均有密切的关系。人一生中大部分时间在室内度过，现代人生活和工作在室内环境中的时间已达到全天的 80%～90%，与室内空气污染物的接触时间远远大于室外，因此室内环境质量的好坏直接影响人们的身体健康。

📚 任务目标

理解室内空气质量、热湿环境、光环境、声环境，以及电磁辐射等对身体健康的影响。

一、空气质量

城市居民绝大部分的时间是在室内环境中度过，室内空气质量的好坏直接关系到室内人员的健康与安全。室内空气质量影响人体健康的典型表现是，不良的建筑环境会引起病态建筑综合征（SBS，症状有头痛、困倦、眼睛发红、流鼻涕、嗓子疼、恶心、头晕和过敏等），主要是由空气污染和通风气流方面的问题引起。

目前居住环境中的空气污染物包括物理、生物、化学三方面的因素。物理因素，如细颗粒物（PM2.5）等；生物因素，如霉菌、病毒等；化学因素，如一氧化碳、二氧化碳、氮氧化合物、VOC、甲醛等，这类污染物接触时间长，影响范围大，长期接触不但影响人的呼吸系统、神经系统的健康。人们通过吸入、摄取和表皮接触等方式暴露于各种环境污染物中。研究表明，室内装修材料和家具等材料中含有 VOC、甲醛、苯、甲苯等挥发性有机物，在密闭的室内会严重影响空气质量，影响人体健康；室内长期不通风或者通风情况较差时，室内二氧化碳浓度和 PM2.5 主要受人员聚集活动、抽烟和厨房烹调等因素影响。室内空气污染示意图见图 2-17。

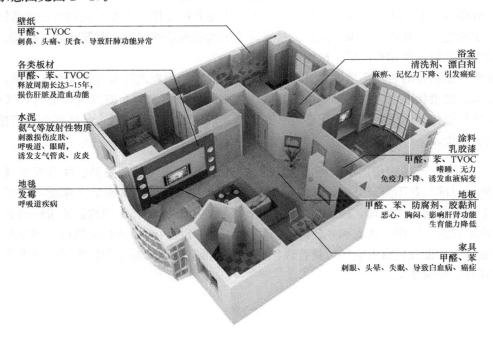

壁纸
甲醛、TVOC
刺鼻、头痛、厌食、导致肝肺功能异常

各类板材
甲醛、苯、TVOC
释放周期长达3~15年，
损伤肝脏及造血功能

水泥
氨气等放射性物质
刺激损伤皮肤、
呼吸道、眼睛，
诱发支气管炎、皮炎

地毯
发霉
呼吸道疾病

浴室
清洗剂、漂白剂
麻痹、记忆力下降、引发癌症

涂料
乳胶漆
甲醛、苯、TVOC
嗜睡、无力
免疫力下降、诱发血液病变

地板
甲醛、苯、防腐剂、胶黏剂
恶心、胸闷、影响肝肾功能
生育能力降低

家具
甲醛、苯
刺眼、头晕、失眠、导致白血病、癌症

图 2-17 室内空气污染

二、 热湿环境

室内热湿环境（也称室内气候）由室内空气温度、湿度、风速和室内热辐射四要素综合形成，以人的热舒适程度作为评价标准。室内热湿环境质量的高低对人们的身体健康、生活水平、工作学习效率将产生重大影响。

室内气温是表征室内热环境的主要指标。研究表明，空气温度在 25℃ 左右时，脑力劳动的工作效率最高；低于 18℃ 或高于 28℃，工作效率急剧下降。空气湿度直接影响人体皮肤表面的蒸发散热，从而影响人体的舒适感。湿度过低，人体皮肤因缺少水分而变得粗糙甚至开裂，人体的免疫系统也会受到伤害导致对疾病的抵抗力大大降低甚至丧失；室内湿度过高，不仅影响人体的舒适感，还为室内环境中的细菌、霉菌及其他微生物创造了良好的生长繁殖条件，加剧室内微生物的污染，这些微生物容易导致患上呼吸道或消化道疾病。室内空气的流动影响人体的对流换热和蒸发换热，同时也促进室内空气的更新。当室内空气流动性较低时，室内环境中的空气得不到有效的通风换气，各种有害化学物质不能及时排到室外，造成室内空气质量恶化。而且，由于室内气流小，人们在室内生活中所排出的各种微生物相对聚集于空气中或在某些角落大量增生，致使室内空气质量进一步恶化。化学性污染物和有害微生物共同作用，将损害人体健康。风速大有利于人体散热、散湿，提高热舒适度。但风速过大，也会有损健康，特别是在睡眠时，容易导致感冒。室内热辐射的强弱通常用"平均辐射温度"表示，即室内对人体辐射热交换有影响的各表面温度的平均值，是一个复杂的概念，与人在室内所处的位置、着装及姿态等有关。

研究表明，热湿环境主要通过产生室内污染物间接影响人体健康。例如甲醛、苯的释放与环境的温湿度有关；湿度小于60％时尘螨不易生长，反之则尘螨现象严重；环境的温湿度变化会引起细菌、二氧化碳和粉尘等的含量发生变化，由此对居住者身体健康和睡眠质量等产生影响。潮湿环境容易滋生细菌、真菌等微生物，不适宜的湿度不仅会影响居民的热舒适，严重的还会引起感冒、中暑和消化不良等疾病。夏季高温高湿的环境容易引起热痉挛和伤暑，对身体虚弱或者患有高血压、各种心脏病等疾病的中老年人危害尤其严重。

通风与隔热遮阳是湿热地区住宅设计要解决的主要矛盾。通过规划设计和单体设计可以改善居住热环境的舒适性。在住宅平面设计中，夏季穿堂风和全明房是改善室内热环境的关键因素，住宅房间进深对穿堂风的形成和效果有决定性的影响，一般房间进深不应大于15m。为取得良好的通风效果，在一个使用空间内应在两个或两个以上的方向设置进出风口，进出风口的面积应大致相等。在潮湿和炎热地区的民用建筑，经常利用空气的压力差，对室内组织穿堂风。如在内墙上开高窗，或在门上设亮子，使气流通过内外墙的窗子，组织室内通风。平面突出部位和实体墙的合理设置，可将平行于墙面和窗的风导入室内，消除通风"死角"，将风指向人体活动空间范围以提高通风效果。

三、 光环境

光虽无形，但对人类的健康产生了很大的影响。光作用于人眼和皮肤，对人体视觉发育和健康、生物节律、情绪、新陈代谢等都会有影响。适宜的光照可以为人们带来视觉健康、清晰、睡眠，以及学习工作效率等方面的提升，并提高生活质量。但光照同时也存在着健康风险，过强和过长时间的自然光与人工光源对人眼和皮肤造成的光辐射损伤之外，错误的光照时刻和低品质的光环境，例如城市光污染、作业空间照度不足、阴影、眩光都会对心理造成不适。光污染是继废气、废水、废渣和噪声等污染之后的一种新的环境污染源，主要包括白亮污染、人工白昼污染和光污染。光污染正在威胁着人们的健康。

光环境对人的影响主要包括三个方面：一是显性影响，如使人产生眩光、眼部不适、视力疲劳以及心理健康问题；二是隐性影响，如光对节律的影响和激素分泌的影响等；三是环境影响，例如为满足对光的要求而生产光器件，由此造成对环境的影响。长期的光污染不仅会引起人体生物钟的"改版"，导致头晕头疼、食欲下降、失眠、浑身无力等症状的发生，还会令人心情郁闷，诱发神经质和神经衰弱，甚至可能引起癌变。

光环境设计要厘清亮度、照度、色温、显色指数、光谱构成、频闪、色域等各项指标参数，要对空间光照的数量和质量进行合理控制，减少视觉疲劳和视觉损伤的风险。在室内照明设计中，设计师不仅仅要解决室内的灯光照明任务，更要注重居住者的视觉舒适度。比如日常生活中的教室、办公室、居住空间、酒店、超市等这些特定环境，都需要考虑到不同使用者所需的不同照明需求。光环境可以通过人为调节而得到大幅改善，如可以通过窗帘、灯等设备来进行调节，达到对自然光和人工照明的平衡，是居住环境中影响健康的可控因素。

☞思政小贴士：《民法典》第二百九十三条 规定，相邻建造建筑物，不得违反国家有关工程建设标准，不得妨碍相邻建筑物的通风、采光和日照。

2022年8月1日起，新修改的《上海市环境保护条例》正式实施，条例新增了防治"光污染"的内容，成为首部纳入光污染治理的地方性环境保护法规。

光污染影响示意图见图 2-18。

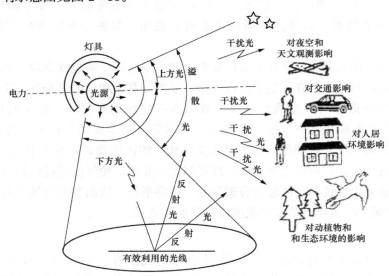

图 2-18　光污染

四、声环境

几十年来，世界卫生组织及全球范围内其他研究机构就环境噪声对人们健康的影响进行了较系统的研究，证明声环境对居住者的身体健康和心理健康有着重要影响，长期的噪声不仅容易引发神经功能错乱，导致精神异常，损害心血管功能、视力等，而且严重干扰正常的休息睡眠，甚而引起心理疾病。噪声对健康的影响包括心血管疾病、睡眠障碍、耳鸣、烦恼、儿童认知障碍，以及与压力有关的心理健康风险，见图 2-19。

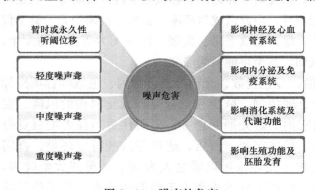

图 2-19　噪声的危害

噪声指一切不规则的信号（不一定要是声音），比如电磁噪声，热噪声，无线电传输时的噪声，激光器噪声，光纤通信噪声，照相机拍摄图片时画面的噪声等。从环境保护的角度看，凡是影响人们正常学习、工作和休息的，在某些场合"不需要的声音"，都统称为噪声。如机器燃烧声，各种交通工具的鸣笛声，人的嘈杂声及各种突发的声响等，均称为噪声。随着工业生产、交通运输、城市建筑的发展，以及人口密度的增加，家庭设施（电视机等）的增多，环境噪声日益严重，它已成为污染人类社会环境的一大公害。

居住环境中的噪声主要有交通噪声、施工噪声、排水噪声等，目前，国家针对声环境制定了较为完善的标准，对不同住宅类型和功能的房间实施声音限制，使建筑构件和维护结构达到隔声要求。《声环境质量标准》（GB 3096—2008）是 2008 年 10 月 1 日实施的一项中华人民共和国国家标准，规定了五类声环境功能区的环境噪声限值及测量方法，适用于声环境质量评价与管理。该标准是环境噪声是否符合环境保护要求的量化指标，也是制订高噪声产品标准和高噪声活动或场所噪声排放标准的法理基础和科学依据。

住宅隔声方案与技术措施包括楼板、墙体和门窗隔声方案与措施。①楼板隔声方案和技术措施：为满足高要求住宅中楼板的隔声要求，可采用浮筑楼板、铺设弹性面层、采用组合楼板减振做法等来改善住宅结构传声对邻室的干扰。浮筑楼板做法是将 20mm 厚挤塑聚苯乙烯板（FM250）用专用聚合物砂浆或黏结剂粘贴在楼板找平层上，然后根据不同面层厚度施工 40～65mm 厚陶粒混凝土垫层，再铺地砖或复合木地板面层。据检测报告，其计权标准化撞击声压级达到 62dB，若不采取隔声技术措施，撞击声压级将＞80dB；②墙体隔声方案和技术措施：对于墙体的隔声性能，应结合墙体的类型分类选用墙体的隔声方案和措施。采用湿作业砌筑的墙体，墙体砌筑质量、墙体留置开关盒或开设管槽等会削弱墙体有效截面形成薄弱环节，墙体抹灰质量、墙体洞口或缝隙是影响墙体隔声的主要因素。施工中避免墙体开关盒背靠背设置，开关盒采用隔声毡包裹和密封处理，保证砌筑砂浆饱满度、抹灰厚度和质量，减少墙体通缝和孔洞，避免形成声学通道，是提高砌筑墙体隔声的有效措施。而穿墙管道四周处理是影响整个墙体隔声的一个关键工序，所有穿墙管道必须设置套管，可采用钢或塑料套筒，套筒与管道之间用岩棉嵌填严密，然后用弹性胶条封闭。套筒与墙体之间用岩棉、玻璃棉等材料仔细嵌填严密，最后用水泥砂浆密封封口。③门窗隔声方案和措施：门窗是住宅中隔声的薄弱环节，提高门窗的隔声性能对改善围护结构的隔声性能意义重大。影响建筑外窗的隔声性能因素包括窗户开启形式、窗户材质、玻璃配置、密封措施和五金配件耐久性等。当外窗玻璃表面质量相同时，隔声性能从劣到优的顺序为：中空玻璃＜单层玻璃＜夹层玻璃＜单夹层中空玻璃＜双夹层中空玻璃，对于通过改变规格参数来提高玻璃的隔声等级 STC，建议应按如下顺序进行调整：增加声阻尼（采用夹层玻璃和增加 PVB 厚度）→增加空气层厚度→增加玻璃厚度。密封措施和五金配件耐久性较好的建筑外窗隔声性能下降得小，宜选择适宜的密封措施和五金配件。结合使用和功能要求，优先选择开启灵活，安全性高，隔声性能好的窗户。隔声墙体结构示意图见图 2-20。

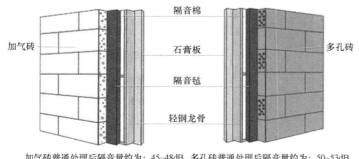
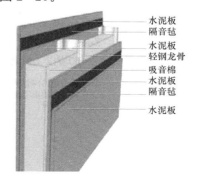

加气砖普通处理后隔音量约为：45~48dB　多孔砖普通处理后隔音量约为：50~53dB

图 2-20　墙体隔声结构示意图

☞思政小贴士：《中华人民共和国噪声污染防治法》已由中华人民共和国第十三届全国人民代表大会常务委员会第三十二次会议于2021年12月24日通过，自2022年6月5日起施行。

新法则在原有的"超标+扰民"的基础上补充了某些没有噪声排放标准但仍然产生噪声扰民的情形，明确规定了噪声污染，是指超过噪声排放标准或者未依法采取防控措施产生噪声，并干扰他人正常生活、工作和学习的现象。建设噪声敏感建筑物，应当符合民用建筑隔声设计相关标准要求，不符合标准要求的，不得通过验收、交付使用；在交通干线两侧、工业企业周边等地方建设噪声敏感建筑物，还应当按照规定间隔一定距离，并采取减少振动、降低噪声的措施。

五、电磁辐射与身体健康

随着通信网络技术迅猛发展，原来的2G、3G、4G升级至5G，与之相应的电视塔、广播站、雷达、卫星通信等设备也更新换代，造成环境中电磁辐射（EMF）强度增加，电磁辐射（EMR）这种具备现代文明特色的新型污染源成为继大气污染、水污染、噪声污染后的第四大影响人类身体健康的公害。人们越来越容易暴露在电磁辐射之下，而且电磁辐射较为隐蔽，它主要危害人体神经系统、内分泌系统和生殖系统等。电磁辐射可导致多脏器、多系统损伤，而且长时间暴露对作业人员神经、免疫、心血管、消化、血液等多系统均存在不同程度危害。多项横断面调查研究发现接触电磁辐射与睡眠不佳、疲惫等非特异性症状有关。电磁辐射对人体健康的影响如图2-21所示。

图2-21 电磁辐射对健康的影响

任务二　社区环境

任务导入

"绿水青山不仅是金山银山，也是人民群众健康的重要保障"，人类源于自然、归于自然，人与自然是生命共同体。作为人类赖以健康生存和发展的物质基础，环境为人类提供了繁衍与发展所需的营养物质和生活、生产场所。在城市中，社区服务设施配套和公园绿地供给均与社区居民的心理健康水平存在显著的正相关关系。

任务目标

理解建成环境和社区环境对人体健康的影响。

一、建成环境

建成环境包括绿地、公共服务设施、住房、街道支路网等，不同特征和类型的建成环境对生理、心理健康有不同的影响。研究发现，提高社区人口密度或设施可达性、缩短居民到公交站的距离，可以减少个体的机动化出行倾向，从而间接降低超重的可能性，但其对超重的直接效应及总效应为正。高密度的土地利用对居民的总体健康状况有着负向影响，功能混合、支路网通达、充足的健康设施，有利于降低身体质量指数（BMI，Body Mass Index）、抑制超重和减少慢性病发生。有研究认为，容积率、建筑密度、土地混合利用情况、社区大小、与城市公园邻近度等五个客观社区建成环境指标中，只有与城市公园邻近度显著影响居民的心理健康。

二、社会环境

社会环境主要包括邻里交往和社会网络、社区安全、环境适应和角色转换、文化认同、抗逆力和自我调节等方面。社会环境属于软环境，与居民生理健康和心理健康有着密切联系。研究发现：服务设施配套和公园绿地供给，均与心理健康水平呈显著的正相关关系；社区纠纷数量对心理健康有显著的负向预测作用；社区组织数量和邻里交往频率，对心理健康有显著的正向预测作用。社区安全感是影响居民心理健康的重要因素，犯罪率高的社区环境会降低居民的安全感，增加居民的精神负担。但是体力活动的缺乏并不一定与身体病变有直接的联系，而是与人体的体质健康密切相关。绿地环境是体力活动相关环境中的一个重要方面，绿地可达性对居民健康的正面影响已经得到学界的广泛证实。

项目四　可持续发展与 BIM 技术在绿色建筑中的应用

任务一　可持续发展

任务导入

伴随着可持续战略目标的深化，现如今绿色建筑得到了重视，成为建筑事业建设发展重要研究内容。绿色建筑有助于经济可持续发展，创建和谐的生态环境，实现绿色建筑经济高效发展。

任务目标

理解绿色建筑对可持续发展的意义。

发展绿色建筑可一定程度上改善生态环境，实现可持续用地、保护生态系统、提高材料重复利用和回收利用率、提高能源使用效率、减少固体垃圾和二氧化碳的排放；发展绿色建筑离不开利益相关者（政府、开发商、技术施工方、消费者）的积极参与；利益相关者积极参与推动绿色建筑发展的关键是经济、社会和生态效益（环境）；这些基本结论表明利益相关者的生态、社会、经济行为可能是驱动绿色建筑实现可持续发展的关键。

☞思政小贴士： 建筑是城市的主体，也是能源消耗大户，全球大都市建筑能耗平均占社会总能耗的约三分之一。在能源挑战下，可持续性庸置疑将成为未来建筑的最大趋势。可持续建筑的核心理念是追求降低环境负荷，与环境相结合，且有利于居住者健康。其目的在于减少能耗、节约用水、减少污染、保护环境、生态和健康、提高生产力、有利于子孙后代。被动式建筑是可持续建筑的典型代表，而马斯达尔城所追求的"零碳、零排放"和舒适环境也是可持续建筑的终极目标。

人类发展史实际上是人类与大自然的共同发展关系史。表现在人与自然的关系上，强调"天人调谐"，人是大自然和谐整体的一部分，又是一个能动的主体，人必须改造自然又顺应自然，与自然圆融无间、共生共荣，山川秀美、四时润泽才能物产丰富、人杰地灵。人类与自然的关系越是相互协调，社会发展的速度也就越快。

从建筑与自然的关系角度来看，建筑与自然是共生的一体，若建筑行为破坏了自然，反过来也就影响了建筑的质量。绿色建筑应与自然融为一体，和谐相处，通过减少对自然的破坏形成对建筑自身有利的一面。绿色建筑追求与外界交叉相连，外部与内部可以自动调节，建筑和环境生态共存。绿色建筑追求充分利用自然，减少人工环境的创造，回归建筑与自然一体的本原。建筑行业涉及众多高污染的第三产业，实现建筑的环保减排与绿色，从而带动其他产业的节能与环保，这将极大地实现绿色建筑的潜在价值。从保护自然出发，权衡自然与人类发展的关系，处理好建筑与自然的关系，绿色建筑便是实现与自然和谐共生的最好方式。

自然环境为人类的日常生活、社会生产以及各方面内容提供着必要的能源和资源供应，而这些自然能源和资源中同样也存在着很多的不可再生性资源，一旦这些不可再生性资源被消耗殆尽，那么整个人类社会的各方面日常生产等需求都会受到影响，因此，推行绿色建筑同样也是自然资源可持续发展的需求与保证现代绿色建筑的设计可以当作是一种实现建筑工程建设与自然环境相融合的新型健康建筑，它的设计与施工可以在充分地保证建筑工程的施工质量和安全的前提下，有效地实现最大限度减少对不可再生性自然资源和能源等物质的消耗，很好地做顺应自然、保护自然的需求，从而在最大程度上实现促进社会建设和自然生态的可持续和谐发展。

☞思政小贴士：《绿色建造技术导则（试行）》要求，绿色建造宜结合实际需求，有效采用 BIM、物联网、大数据、云计算、移动通信、区块链、人工智能、机器人等相关技术，整体提升建造手段信息化水平。"绿色建造"的关键（即《导则》全文的核心关键词）是"统筹要素""全过程一体化""整体提升""系统集成""精益化""深度协同"等，而这些都必须基于正确的 BIM 数字模型。BIM 基础作用的具体体现《导则》将绿色建造过程分为绿色策划、绿色设计、绿色施工和绿色交付四个过程：绿色策划：绿色策划推动全过程数字化、网络化、智能化技术应用，积极采用 BIM 技术，利用基于统一数据及接口标准的信息管理平台，支撑各参与方、各阶段的信息共享与传递。

任务二　BIM 技术在绿色建筑中的应用

👤 任务导入

伴随着可持续战略目标的深化，现如今绿色建筑得到了重视，成为建筑事业建设发展重要研究内容。绿色建筑有助于经济可持续发展，创建和谐的生态环境，实现绿色建筑经济高效发展。

📚 任务目标

理解 BIM 技术与绿色建筑的关系。

一、BIM 技术的概念

BIM 即建筑信息模型（Building Information Model），在建筑工程及设施全生命期内，对其物理和功能特性进行数字化表达，并依此设计、施工、运营的过程和结果的总称。BIM 技术通过将各种建筑信息（如几何形状、材料属性、工程量、成本等）整合到一个三维模型中，使得设计人员和相关人员可以更好地协作和沟通，并能够更好地预测建筑物的性能和行为。

☞思政小贴士：BIM 理念诞生于 1974 年，作者 Charles Eastman 认为建筑图纸成本太高，为了取而代之，描述了一种存储和管理细节的设计、施工和分析信息的计算机系统，但受限于当时电脑售价高昂，以及软硬件处理能力，难以发展。而后 18 年，也就是 1992 年，才第一次出现了 building information model 一词，但是正好遇上 CAD 正得宠，1990 年到 2000 年初期，建筑领域几乎都是 CAD 占主流的时代。特别是 AutoCAD，几乎成为国内外建筑图纸的标准格式，BIM 几乎是住了十年"冷宫"，少有人问津。到 2002 年左右，BIM 才开始兴起；到 2012 年左右，BIM 开始大爆发。BIM 这一当今在行业人人皆知的技术，从理念到普及，前前后后大概用了 40 年的时间。

世界上多个国家以及地区已经推出了与绿色建筑相关的设计标准，主要是让绿色节能的建筑落到实处，不同国家对绿色建筑的定义也有所不同，但最终的指向都是在为人们提供健康舒适的使用空间的同时，还能与自然和谐共生的建筑，才能称之为绿色建筑。在国内，相关部门已经推出了以 BIM 技术为基础的中国本土绿色设计评估体系。从整体上来看，BIM 技术与绿色建筑全生命周期发展理念相吻合，而 BIM 将作为建筑业的新技术以及新手段，该技术的使用势必会对绿色建筑的发展起到重要作用。积极推广和应用建筑信息模型（BIM）技术，以建筑产品三维数据化模型为基础，采用可视化的方法和手段，实现建筑工程施工的信息化、智能化管理，提高施工管理效率。

随着对环保和可持续性的需求不断增加，越来越多的建筑项目开始采用 BIM 技术来实现绿色建筑的设计和建造。BIM 技术可以帮助设计人员更好地预测建筑物能源消耗，从而优化建筑的能效，实现更高水平的节能和环保。例如，BIM 技术可以通过在建筑模型中添加能源分析工具，来评估建筑能源消耗和碳排放情况，并优化建筑的设计和设备选择，以减少能源消耗和环境污染。

除了在设计阶段的应用，BIM 技术还可以在建筑施工和运营过程中发挥重要作用。在建筑施工阶段，BIM 技术可以帮助施工人员更好地理解设计意图和构造细节，提高施工质量和效率。

在未来，随着对环保和可持续性的需求不断增加，BIM 技术在绿色建筑领域的应用前景非常广阔。BIM 技术有望成为绿色建筑设计和建造的标配工具，同时也有望为智慧城市的建设和可持续发展做出重要贡献。

BIM 技术在绿色建筑中的应用现状越来越广泛，未来的发展前景也非常广阔。BIM 技术在绿色建筑中的应用内容见图 2-22。随着技术的不断进步和社会对环保和可持续发展的需求的不断增加，BIM 技术将会在绿色建筑领域发挥越来越重要的作用。BIM 技术各专业协同关系图见图 2-23。

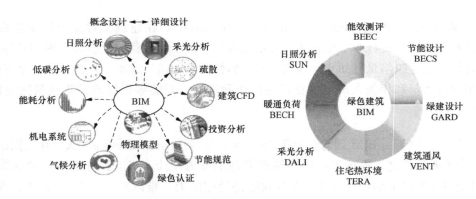

图 2-22　BIM 技术在绿色建筑中的应用

二、　BIM 技术对绿色建筑的影响

BIM 技术是在制图软件上诞生的一种全新构图软件，具有可视性、协调性等一系列特点，可以帮助企业提升建筑设计的效率。在设计绿色建筑之时，工作人员可以使用 BIM 技术替代传统的平面设计，设计人员可以更加立体地感受整个建筑的设计细节，设计人员也可以一目了然地了解在设计中出现的各种问题，有助于显著提升绿色建筑设计的效率。除此之外，BIM 技术还可以帮助设计人员构建出科学合理的设计体系，可以帮助施工人员根据不同类型的施工结构设计不同模型，最终确保模型的合理性，降低施工人员的工作量，同时也

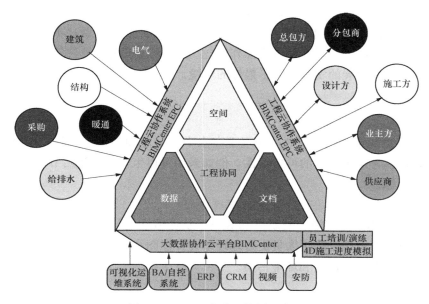

图 2-23 BIM 各专业协同示意图

能够保证设计的效率。

（一）BIM 技术能保证绿色建筑设计的协调性

以往的建筑设计与现有的工程设计有所不同，以往的施工技术以及设备都存在一些不足，具有局限性，设计人员所获取的施工信息也存在局限性，不利于设计人员详细了解现场的真实状况。为此，企业将 BIM 技术融入绿色建筑设计之中，帮助设计人员实际了解现场的真实情况，尤其是了解各项细节变化，以此大大提高设计图纸的精准性，确保绿色建筑的质量。BIM 技术的最主要作用就是实现全生命周期内的不同阶段的集成化管理，这是当今时代的必然需求，也是时代发展所需。而绿色建筑的全生命周期包含建筑的开发，建筑的建造、使用、拆除和维修等管理，从时间维度上看，两者之间能保持高度的一致，也为两者之间的结合提供了便利。BIM 技术能保证绿色建筑设计的协调性，可实现其全生命周期内不同阶段的集成化管理。

（二）BIM 技术能使设计方案更为直观

在绿色建筑设计的过程之中，通过融合 BIM 技术可以使单一的图片变成形象的图画，以此提升整个建筑的设计精准度，提高设计的时效。与此同时，通过使用 BIM 技术还可以帮助建筑者了解整个建筑的结构，有助于提高整个施工的工作效率，使设计人员的思维更为活跃。在设计施工的过程中，如果需要更改工程中的某一环节，通过使用 BIM 技术还可以帮助设计人员发现潜在的问题，以此确保整个图纸设计的有效性。

绿色建筑可持续目标的达成，不仅仅需要从设计上着手，还需要全面系统地掌握不同材料和设备的完整信息，并且在项目的全生命周期中不断协同与优化。在这个目标达成的过程中，节约能源和降低排放是必不可少的，而 BIM 技术能够为绿色建筑可持续目标的达成提供整体性的解决方案，让绿色建筑实现的可能性大大增加。

（三）BIM 技术为绿色建筑的可持续发展创造了条件

绿色建筑与传统的建筑有本质上的区别，绿色建筑需要借助不一样的软件，实现建筑物的能耗、采光等多方面的分析，并且要求相关应用平台应该是开放的，也应当是能够做到全方位监控分析的。而 BIM 技术所涉及的相关平台也具有开放的特点，不仅允许将相关软件数据进行导入，还可以进行系列化可视操作，这为 BIM 技术在绿色建筑中的应用创造了有利条件，也为可持续发展的实施创造了最好的环境。

三、 BIM 技术在绿色建筑中的应用

（一） 优化建筑的能效

BIM 技术可以优化建筑的能效，实现更高水平的节能和环保。此外，BIM 技术还可以在建筑设计阶段就考虑到建筑的可持续性，例如采用可再生材料、使用节能设备等，从而达到绿色建筑的目标。

（二） 减少施工过程中的资源浪费和环境污染

BIM 技术可以提高建筑施工的质量和效率，从而减少对环境的影响。通过在建筑模型中添加施工信息，可以帮助施工人员更好地理解设计意图和构造细节，避免浪费和错误，从而减少施工过程中的资源浪费和环境污染。

（三） 帮助建筑运营管理人员对建筑进行维护和管理

BIM 技术可以帮助建筑运营管理人员更好地了解建筑物的结构和设备，以及其对能源和环境的影响，从而实现更好的维护和管理。通过在建筑模型中添加运营信息，可以帮助管理人员更好地了解建筑的设备状态、维保情况等，并及时采取措施进行维修或更新，从而减少能源浪费和环境污染。

（四） 促进绿色建筑建设方式的改变

建设项目的本质是工业化制造和现场施工安装的有效结合，而建筑行业工业化发展的最主要目标是提高工业化制造在建设项目中的助力，这也是实现可持续绿色建筑生产方式的最有效途径。BIM 技术的应用，可以实现工程项目从规划、勘察到设计施工以及后续运营维护的全过程管理，与传统的绿色建筑建设方式对比，该技术的使用改变了绿色建筑的建设方式。合理地利用 BIM 技术，能够对建筑周围环境以及建筑物的空间等进行仿真模拟分析，从而得出最为合理的设计方案，也能为技术的使用者提供更加安全可靠且环境友好的建筑设计产品。

（五） 促进产业融合与社会化推广的进程

工程项目建设产业链庞大，而且在绿色建筑相关概念引入以后，产业链更是有了一定程度的扩增。类型众多，数量也相对较多，项目规模大以及参建方式较为丰富等是我国建筑的最主要特点，加上节能减排和可持续发展理念的使用，会使产业融合以及新技术的社会化推广面临巨大压力。建立基于信息技术的产业链融合以及推广途径，是当下绿色建筑行业发展的主要途径。从另一方面看，利用 BIM 技术，可以进一步深化绿色建筑行业的改革，也可以助力相关监管体制机制的完善，更能优化现有的市场环境，提升工程质量水平和安全水平，对建筑行业的发展百利而无一害。

BIM 技术还可以通过与其他信息技术（如传感器、大数据、人工智能等）的结合，实现更精准和智能的绿色建筑设计和运营管理。通过使用传感器来监测建筑能耗和环境质量，使用大数据和人工智能来分析和优化建筑的性能和行为，可以实现更高水平的节能和环保，为城市的可持续发展提供更强有力的支撑。

学习情境三　绿色建筑设计策略

根据我国最新版绿色建筑评价标准对绿色建筑的定义，绿色建筑的特点可归纳为：在其全寿命周期内，减轻建筑对环境的负面影响，节约能源和资源；为使用者提供安全、健康、舒适性良好的生活空间；建筑与人、自然环境、经济社会和谐共处，构成可持续发展的良性循环。

☞思政小贴士：　绿色建筑物的设计需要综合考虑各方面的因素、遵循一定的原则，并不是简单的环境的"绿色"，而是要考虑到建筑物从建设到最后被拆除整个"生命周期"内的绿色。

项目一　绿色建筑节地与外部环境设计

任务一　场地与外部环境设计

🔲 任务导入

建筑场地设计和外部环境设计，对绿色建筑及周边环境的生态、安全及利用效率均有直接和长期的影响。

📚 任务目标

通过学习本节内容，读者将能够理解绿色建筑技术的分类，包括节能技术、环保材料技术、智能化技术、绿色屋顶、外围护结构技术、水资源节约技术、节地技术和生态景观技术等。读者将了解每种技术的原理和应用，并能够在实际项目中选择和应用适当的技术，以实现绿色建筑的目标。

1. 了解绿色建筑场地设计的要求。
2. 掌握绿色建筑外部环境设计的要求及主要手段。

一、 场地生态保持

绿色建筑规划设计过程中，要保持合理的生态环境，减少建筑对场地自然景观的破坏。

建筑环境性能的定义为：建筑项目所界定的内外部环境对使用者带来的影响。绿色建筑所处的外部环境性能条件包括：场地的气候特征条件、地质地貌自然环境特征条件、场地资源条件等。

绿色建筑在项目选址及前期规划设计中应遵循被动优先原则，即结合场地自然环境特征，分析建筑功能、建筑类型、建筑所处环境和地域的差异，充分利用自然风、太阳光等绿色资源，最大程度减少建筑的能源消耗及对环境产生的负面影响。同时还要坚持"可持续发展"的思想。充分利用场地周边的自然条件，充分考虑当地气候特征和生态环境，注重建筑与自然生态环境的协调。

二、 注重场地安全

绿色建筑场地规划选址应保证场地环境安全可靠，确保对自然灾害有充分的抵御能力。场址用地应避开可能产生洪水、泥石流、滑坡等自然灾害的地段；避开对建筑抗震不利的地段，如地质断裂带、易液化土、人工填土等地段；冬季寒冷地区和多沙暴地区应避开容易产生风切变的地段等。

绿色建筑场地选择应远离能制造电磁辐射污染的污染源，如电视广播发射塔、雷达站、通信发射台、变电站、高压电线等。必须与之保持足够的安全防护距离。另外，存在于土壤和石材中的氡是无色无味的致癌物质，会对人体产生长期并严重的伤害。新的建设场地土壤环境质量，需采取相关的理化、生物修复技术进行土壤改良。

绿色建筑建设项目场地周围不应存在排放超标的污染源，包括油烟未达标排放的厨房、车库、超标排放的燃煤锅炉房、垃圾站、垃圾处理场和污水处理厂等；住区内部易产生噪声的学校和运动场地，易产生烟、气、尘、声的饮食店、修理铺、锅炉房和垃圾转运站等。在规划设计时应根据项目性质合理布局或利用绿化进行隔离。

> ☞思政小贴士： 城市热岛效应（Urban heat island effect）是指城市中的气温明显高于外围郊区的现象。在近地面温度图上，郊区气温明显很低，而城区是一个高温区，就像突出海面的岛屿，由于这种岛屿代表高温的城市区域，所以就被形象地称为城市热岛。

三、 改善外部环境

绿色建筑规划建设应提高土地利用率和绿化率，减少城市热岛效应，美化环境，提升外部空间品质。其方法主要体现在屋顶绿化［图 3 - 1（a）］、室外地面透水和聚水处理［图 3 - 1（b）］、室外地下空间利用等方面［图 3 - 1（c）］。

屋顶绿化有利于开拓绿化空间、改善生存环境空间、提高居民生活质量和美化城市环境。屋顶绿化是以建（构）筑物顶部为载体，不与自然土层相连且高出地面 150cm 以上，以植物材料为主体进行配置，营建的一种立体绿化形式。一般可分为花园式、组合式和草坪式三种类型。屋顶绿化主要适用于 12 层以下、高度 50m 以下的建筑物屋顶。草坪式屋顶绿化由于草本植物的抓地性、抗逆性等特点，可以适用于较高层建筑的屋顶绿化。屋顶绿化主要适用于平屋顶及屋面坡度小于 15°的坡屋顶；平顶屋面或屋面坡度小于 5°的

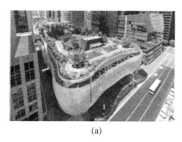  

(a)　　　　　　　　　(b)　　　　　　　　　(c)

图 3-1　改善外部环境方法
（a）屋顶绿化；（b）室外透水地面；（c）城市地下空间

坡屋顶可选用三种类型屋顶绿化。屋面坡度大于 5°且小于 15°的屋顶可采用草坪或屋顶绿化。

透水铺装是一种采用透水性良好的材料组成的有较大孔隙的铺装结构，可以使雨水渗入结构内部，同时又能满足一般铺装的使用功能。透水铺装有利于快速消除地表径流，补充还原地下水，是一种具有环保、生态的场地和路面铺装形式。透水铺装按照面层材料不同可分为透水砖铺装、透水水泥混凝土铺装和透水沥青混凝土铺装，嵌草砖、园林铺装中的鹅卵石、碎石铺装等也属于渗透铺装。

透水砖铺装和透水水泥混凝土铺装主要适用于广场、停车场、人行道以及车流量和荷载较小的道路，如建筑与小区道路、市政道路的非机动车道等，透水沥青混凝土路面还可用于机动车道。

下凹式绿地指具有一定的调蓄容积，且可用于调蓄和净化径流雨水的景观绿地。在地势较低的区域种植植物，通过植物截流、土壤过滤滞留处理小流量径流雨水，达到消纳径流、控制污染目的。下凹式绿地可广泛应用于城市建筑与小区、道路、绿地和广场内。

从建筑发展史看，19 世纪是造桥的世纪，20 世纪是城市高层建筑发展的世纪，21 世纪则是地下空间开发利用发展的世纪。从地铁交通工程、大型建筑物向地下的自然延伸（地下车库等），发展到与地下快速轨道交通系统相结合的地下街、文化体育工程（博物馆、图书馆、体育馆、艺术馆）、地下综合管线廊道等复杂的地下综合体，再到地下城等。城市地下空间可以有效组织交通，节约土地资源，对于提高土地利用效率、缓解地面交通、改善人类居住环境、实现人车立体分流、减少环境污染、保持城市历史文化景观等都具有十分显著的作用，城市地下空间已经成为社会经济发展的重要资源。

项目二　绿色建筑节能与能源利用

绿色建筑设计应充分考虑气候、资源、能源等的实际情况，合理进行规划设计，并积极采用高性能的围护结构，以实现节能与能源高效利用的目的。节能与能源利用主要关注建筑方案优化、建筑与围护结构、供暖通风与空调设备、照明与电气设备、能量综合利用等。本节针对五个板块中的绿色建筑技术策略进行了阐述。

任务一　围护结构节能设计

🖥 任务导入

在实践中，绿色建筑围护结构的节能设计效果直接影响建筑能耗、室内热舒适度等因素，因此需重点关注。

📖 任务目标

1. 了解并掌握绿色建筑外墙节能技术及材料构造特点。
2. 了解并掌握绿色建筑屋面、外门窗和幕墙等节能技术及材料构造特点。

一、绿色建筑方案的优化设计

建筑优化设计可从建筑的规划布局、朝向、体形、窗墙比等方面综合考虑，这些建筑设计因素对通风、日照、采光以及遮阳有明显的影响，同时也会影响建筑的供暖和空调能耗以及室内环境的舒适性。从节能方面考虑，建筑优化设计应遵循被动节能措施优先的原则，充分利用自然采光、自然通风，结合围护结构保温隔热和遮阳措施，降低建筑用能需求；从资源消耗方面，在建筑设计中应充分考虑资源的合理使用和处置，力求使资源可再生利用；从环境生态方面，建筑设计应充分考虑与周边环境的融合性；合理规划建筑布局，创造良好的户外视野，充分利用冬季日照，营造良好室内环境。

二、绿色建筑围护结构的设计应用

建筑与围护结构部分主要关注建筑方案的优化设计、外墙屋面的保温技术、节能外窗以及外窗（包括透明幕墙）通风技术。

> ☞思政小贴士：　中国古代建筑外部包以厚墙，墙体内部除砖砌还灌注灰浆，这样的墙体不但保温性能好，而且蓄热能力强，避免了建筑对外过度导热，使其即使有数个洞口与外界相通也冬暖夏凉。屋架结构采用抬梁式构架，即木柱、木梁构成房屋的框架，具有优良的保温效果。屋顶通常都是层层铺设的瓦片，可以有效地阻挡冷风的入侵。

（一）外墙节能技术

外墙是建筑外围护结构的重要组成部分。外墙保温技术包括外墙外保温、外墙内保温、外墙自保温（含夹芯保温）3 种（图 3-2）。外墙外保温是在建筑物外墙外侧设置保温层和保护层，从而有效降低建筑物内部能耗，同时减少冷凝水产生的保温形式，主要包括外墙薄板类保温、外墙抹灰类保温等。外墙内保温是指将保温材料置于外墙内侧的墙体保温形式，通过保温材料本身的保温性能，达到减少能耗，提高室内热舒适度的一种保温形式，它包括有机/无机保温板内保温系统、保温砂浆内保温系统等。外墙自保温是指墙体材料本身具有较好的热工性能或者墙体材料复合保温材料来提升其技工性能使其满足建筑节能标准要求的墙体保温形式，它主要包括砌块类自保温系统。目前建筑外墙保温材料分为有机保温材料、无机保温材料以及有机/无机保温材料，其基本性能各有优缺点。保温材料选择时，除了要考虑其热工性能，还要考虑防火、抗压以及吸湿性能。

序号	名称	构造简图	构造层次	保温材料厚度(mm)	
				严寒地区	寒冷地区
1	多孔砖墙EPS板外保温	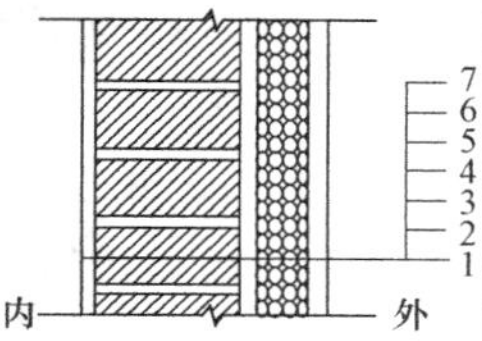	1—20厚混合砂浆 2—240厚多孔砖墙 3—水泥砂浆找平层 4—胶粘剂 5—EPS板 6—5厚抗裂砂浆耐碱玻纤网格布 7—外饰面	70~80	50~60
2	混凝土空心砌块EPS板外保温	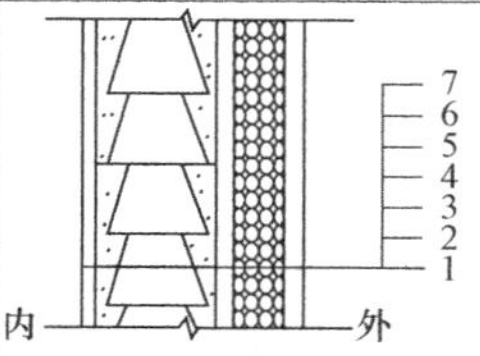	1—20厚混合砂浆 2—190厚混凝土空心砌块 3—水泥砂浆找平层 4—胶粘剂 5—EPS板 6—5厚抗裂砂浆耐碱玻纤网格布 7—外饰面	80~90	60~70
3	混凝土空心砌块EPS板夹心保温	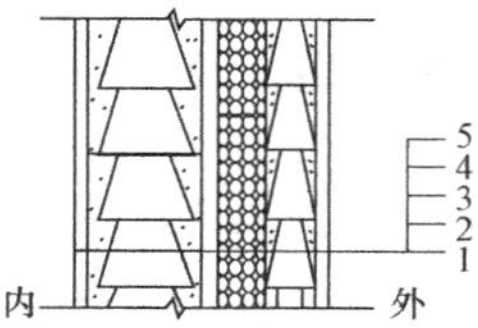	1—20厚混合砂浆 2—190厚混凝土空心砌块 3—EPS板 4—90厚混凝土空心砌块 5—外饰面	80~90	60~70

图3-2　严寒和寒冷地区农村居住建筑外墙保温构造形式和保温材料厚度

（二）屋面节能技术

建筑屋面是建筑的重要组成部分，也是建筑围护结构冷热损耗占比较大的部位，因此提升建筑屋面保温性能有利于提升室内热舒适水平，降低空调能耗。

屋面分为坡屋面和平屋面两种，屋面保温是指在屋面构造上增加保温层以提升屋面的保温隔热性能。坡屋面必须有保温隔热层。对于以钢筋混凝土为基层（结构层）的坡屋面，保温层应设在基层上侧；以轻钢筋结构为基层的坡屋面，保温层宜分别设置在基层上侧和下侧；采用蒸压加气混凝土屋面板作屋面基层并满足要求厚度者，屋面可不另设保温层。

平屋面保温根据屋面的构造形式分为正置屋面保温以及倒置屋面保温（图3-3）。屋面保温层应根据屋面所需传热系数或热阻选择轻质、高效的保温材料，保温层可以选择板状材料、纤维材料和整体材料，板状材料有聚苯乙烯泡沫塑料、硬质聚氨酯泡沫塑料、膨胀珍珠岩制品、泡沫玻璃保温板、加气混凝土砌块、泡沫混凝土砌块。屋面保温材料的选用与屋面的类型有关，屋面一般分为上人屋面和不上人屋面，两种采用的保温材料基本一样的，其区别主要是上人屋面的保温材料必须具有一定的强度。

重点难点：外墙及外门窗面积在建筑总外表面积中占比最大。外墙和外门窗节能性能的优劣，直接影响建筑总体节能状况。在绿色建筑设计中，如何平衡外围护结构的热工性能、综合造价和外观造型等因素，是设计人员需特别关注的内容。

（三）外窗（包括透明幕墙）节能技术

窗户是建筑外围护结构的开口部位，除了满足人们对采光、通风、日照、视野等方面的基本要求外，同时还应具备良好的保温、隔热、隔声性能，才能为用户提供安全、舒适的室内环境。采用节能门窗是改善室内热环境质量和提高建筑节能水平的有效途径之一。节能外

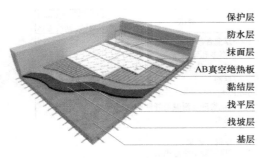
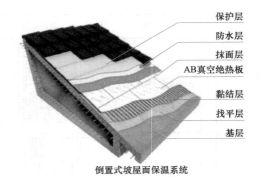

正置式平屋面保温系统　　　　　倒置式坡屋面保温系统

图 3-3　正置式保温屋面和倒置式保温屋面

窗是指采用高性能的玻璃，并辅以保温隔热性能良好的窗框型材的窗户。节能外窗（包括透明幕墙）的热工性能主要与玻璃类型及层数、窗框型材及密封材料有关。

目前常见的高性能玻璃有以下几种：

（1）热反射镀膜玻璃：又称阳光控制镀膜玻璃，能透过可见光，能将 40%～80% 的太阳辐射热阻隔在室外，同时可减少眩光和色散，使外观显现不同的色彩。其隔热反射性能一般用遮阳系数来评价，遮阳系数越小，镀膜的性能越好。单片热反射镀膜玻璃会降低玻璃的遮阳系数和可见光透射比，对传热系数基本没多大影响。

（2）中空玻璃：由 2～3 片玻璃与空气间层组合而成，空气间层中充入干燥气体或惰性气体。普通透明中空玻璃的特点是其传热系数比单层玻璃降低一半，保温性能好；隔声量比单玻提高 5dB，隔声性能好；但双层或三层玻璃对遮阳系数的影响较小，对太阳辐射热的隔热反射改善不大。

（3）热反射镀膜中空玻璃：将热反射玻璃与普通透明玻璃合成中空玻璃，集热反射镀膜玻璃与中空玻璃的两种优点于一身，传热系数和遮阳系数都降低，且隔声量高，保温、隔热、隔声综合性能优良。

（4）低辐射（Low-E）镀膜中空玻璃（图 3-4）：Low-E 玻璃是一种含有超薄银层的真空镀膜玻璃，只能中空后使用。具有极低的表面辐射率（$E<0.15$）和极高的远红外线（热辐射）反射率，可见光透射比适中（30%～75%）的特性。该类玻璃采用适于夏热冬冷地区及夏热冬暖地区，夏季具有很好的遮阳和阻隔温差热传导效果，冬季亦能保持室内热量改善室内舒适度，Low-E 中空玻璃是目前世界上最理想的窗玻璃材料之一。

（四）外窗、幕墙通风器节能技术

建筑门窗、幕墙通风器是指安装于建筑物外围护结构（门窗、幕墙等）上、墙体与门窗之间，在开启（工作）状态下具有一定抗风压、水密、气密、隔声等性能，并能实现室内外空气交换的可控通风装置（图 3-5）。建筑门窗用通风器按照有无动力分为自然通风器和动力通风器两种。自然通风器指依靠室内外温差、风压等产生的空气压差实现自然通风的通风器；动力通风器指可依靠产品自身附加的动力装置实现通风的通风器。

门窗幕墙通风器是解决建筑门窗、幕墙既能实现高密封、高节能，同时又能保证通风换气、得到良好空气质量的一项有效的措施，对促进建筑节能、改善室内空气质量具有一定积极作用。

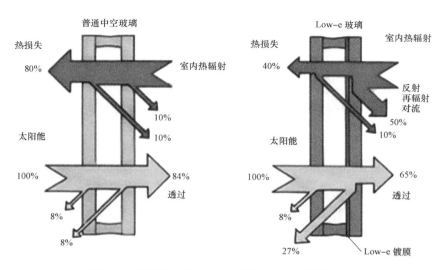

图 3 - 4　低辐射（Low - E）镀膜中空玻璃传热性能

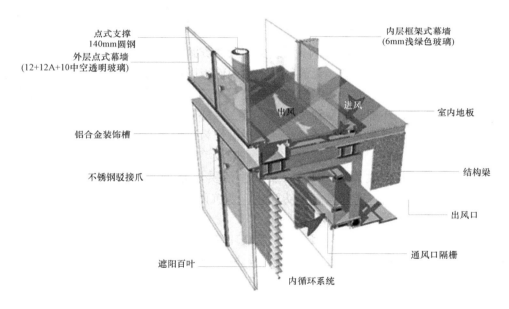

图 3 - 5　玻璃幕墙通风器

项目三　绿色建材与材料资源利用

建筑材料行业是建筑行业的基础，建筑的不可持续发展通常是因为建筑材料在生产和使用过程中的高能耗、高资源消耗和环境污染。因此，材料在很大程度上决定了建筑的"绿色"程度。发展绿色建材，将促进绿色建筑业的发展，建筑材料绿色化是绿色建筑的基础。绿色建筑必须要通过绿色建材这个载体来实现。绿色建筑节能技术的实现有赖于建筑材料的节能性，要使建筑节能技术按照国家标准的规定进行推广和应用，必须依靠绿色建材的发展才能实现。

任务一　绿色建材的选择

📇 任务导入

在工程实践中，建筑材料影响并决定建筑的"绿色"程度，绿色建筑的实现要依靠绿色建材这一载体。

📚 任务目标

1. 了解绿色建材的种类。
2. 掌握绿色建材的选择原则和使用特点。

> ☞思政小贴士：　中国古代建筑自远古以来就遵循土、木、砖、石并举的用料原则。古代用作建材的土大致可以分为两种：自然状态的土称为"生土"；而净高加固处理的土被称为"夯土"。木结构建筑在节省材料、劳动力和施工时间方面，都有较明显的优势。石材的各类很多，主要用于陵墓之中，以及作为墙柱的基石。

绿色建材是采用清洁生产技术，不用或少用天然资源和能源，大量使用工农业或城市固态废弃物生产的无毒害、无污染、无放射性，达到使用周期后可回收利用，有利于环境保护和人体健康的建筑材料。目前，我国发展绿色建材有三大发展方向：资源节约型绿色建材、能源节约型绿色建材、环境友好型绿色建材。其主要特征如下：

（1）以相对最低的资源和能源消耗、环境污染作为代价生产出高性能的传统建筑材料。

（2）其生产所用原料大量使用废渣、垃圾、废液等废弃物。

（3）产品的设计是以改善生产环境、提高生活质量为宗旨，即产品不仅不损害人体健康，还应有益于人体健康，产品具有多功能化，如抗菌、灭菌、防霉、除臭、隔热、阻燃、调温、调湿、消磁、防射线和抗静电等。

（4）产品可循环利用或回收利用，如无污染环境的废弃物，在可能的情况下选用废弃的建筑材料，如拆卸下来的木材、五金和玻璃等，减轻垃圾处理的压力。

（5）材料能够大幅地减少建筑能耗，如具有轻质、高强、防水、保温、隔热和隔声等功能的新型墙体材料。

（6）避免使用会释放污染物的材料并将包装减少到最低程度。

> 注：　竹建筑的优势。竹子具有一定的强度和韧性以及优异的安全性能。采用竹结构，施工安装方便，工期短，保温隔音好，抗震性能优异，保证室内空气流通，成本低。同时，在建筑领域使用竹子或可再生的天然绿色有机材料，可以满足节能的要求，降低建筑能耗。

任务二　绿色建材的使用

📋 任务导入

绿色建筑的种类繁多，使用过程中有多方面的要求，应结合实际工程，合理选用与之相适应的材料。

📖 任务目标

了解对绿色建材在资源消耗、能源消耗、环境影响、室内环境影响、材料本地化和回收利用等方面的要求。

一、　资源消耗方面的要求

（1）尽可能地少用建筑材料。

（2）使用耐久性好的建筑材料。

（3）尽量使用和占用较少的不可再生资源生产的建筑材料。

（4）尽量使用可再生利用、可降解的建筑材料。

（5）尽量使用利用各种废弃物产生的建筑材料，其主要目的是降低建筑材料生产过程中天然和矿产资源的消耗，保护生态环境。

二、　能源消耗方面的要求

（1）尽可能使用生产能耗低的建筑材料。

（2）尽可能使用可减少建筑能耗的建筑材料。

（3）使用能充分利用绿色能源的建筑材料，其目的是降低建筑材料生产过程中的能源消耗保护生态环境。

三、　环境影响方面的要求

（1）建筑材料在生产过程中的 CO 排放量低。

（2）对大气污染的程度低。

（3）对于生态环境产生的负荷低，其目的是降低建筑材料生产过程中对环境的污染，保护生态环境。

四、　室内环境质量方面的要求

（1）最佳地利用和改善现有的市政基础设施，尽可能采用有益于室内环境的材料。

（2）材料能提供优质的空气质量、热舒适、照明、声学和美学特性的室内环境，使居住环境健康舒适。

（3）材料具备很高的利用率，减少废料的产生。

五、　材料本地化和旧建筑材料回收利用的要求

材料本地化，减少材料在运输过程中对环境的影响，促进当地经济的发展；旧建筑材料的回收利用，使用旧建筑拆除过程中原来形式无需再加工就能以同样或类似使用的建筑材料，以节约建筑成本和资源消耗等。满足《绿色建筑评价标准》（GB/T 50378—2019）对住

宅建筑和公共建筑节能材料与材料资源利用的要求。

项目四 绿色建筑节水与水资源利用

《绿色建筑评价标准》（GB/T 50378—2019）中关于节水与水资源利用主要关注给水排水系统节水、节水器具与设备、非传统水源利用三个方面。本节主要从绿色建筑技术的角度来阐述，重点介绍节水系统、节水器具与设备、非传统水源等的技术内容。

任务一 绿色建筑节水系统

📋 任务导入

绿色建筑节水系统设计应合理、安全、高效，是确保绿色建筑实现其建造效果的重要组成部分。

📚 任务目标

了解对绿色建筑节水系统的类型，常见的有给水系统、热水供应系统和管网漏损控制系统等。

建筑节水是一个系统工程，在保证供水安全的基础上尽量减少不必要的水量浪费以及单耗，从而达到节水的目的。节水设计首先应设计合理、完善。安全的给排水系统，其次是限制超压出流和无效冷水量的产生，同时采用高性能管材管件及配备用水计量设施。因此，本节的节水系统主要关注合理的给水排水系统、超压出流控制、高性能管材管件、用水计量等内容。

> 注：常用的节水器具包括：①节水型水龙头（感应、快开、延时类）：出水量在2～7.5升/分钟；②节水型坐便器：冲水量在4～5升/次；③节水型小便器：出水量不大于3升/次；④节水型淋浴器：出水量不大于15升/分钟。

一、给水系统

建筑给水系统是将城镇给水管网的水引入室内，选用适用、经济、合理的最佳供水方式，经配水管送至室内各种卫生器具、水龙头、生产装置和消防设备，并满足用水点对水量、水压和水质要求的冷水供应系统。给水系统具体可划分为：生活给水系统、生产给水系统、消防给水系统。

二、热水供应系统

热水供应系统按热水供应范围，可分为局部热水供应系统、集中热水供应系统和区域热水供应系统。热水供应系统中为实现节能节水、安全供水，在水加热设备的热媒管道上应装设自动温度调节装置来控制出水温度。为减少调温造成的水量浪费，公共浴室应采用单管热水系统，温控装置是控制其水温的关键部件，应采用性能稳定、灵敏的单管水温控制设备。

三、 管网漏损控制

城市供水管网是工业社会的重要基础设施之一，对保证国民经济发展和人们正常生活起着举足轻重的作用，然而我国许多城镇的供水和配水管网却由于腐蚀、老化和变形等各种原因而不断地发生漏损。

管网漏损的原因主要有：①管材原因；②管道接口问题；③温度变化影响；④地势沉降和内外荷载；⑤管道腐蚀；⑥水锤破坏；⑦水压过高；⑧施工质量不良等。管网漏损控制是一个系统工程，要有效地控制给水系统的漏损，必须从设计、施工、运行和维护管理等方面进行综合考虑。

任务二　绿色建筑节水器具与设备

📇 任务导入

建筑用水设备和器具的节水效率直接影响绿色建筑的节水成效，是实现建筑节水的最直接手段。

📑 任务目标

了解节水器具及设备、节水灌溉、空调冷却水节水等方面的要求。

配水装置和卫生设备是水的最终使用单元，它们节水性能的好坏，直接影响着建筑节水工作的成效，因而大力推广使用节水器具和设备是实现建筑节水的重要手段和途径。本节主要关注节水器具、节水灌溉、节水冷却等技术。

一、 节水器具

建筑使用的生活用水器具的节水性能直接影响建筑的节水效果，《节水型生活用水器具》（CJ 164—2014）中规定，节水型生活用水器具是指比同类常规产品能减少流量或用水量，提高用水效率、体现节水技术的器件、用具的器具。目前常用的生活用水器具有水龙头、坐便器、小便器、淋浴器等。

对于生活用器具的形式选择，应结合项目的建筑类型、功能需求、投资预算等综合确定。

生活用水器具用水效率应结合项目的实际情况，选择用水效率等级 2 级或 1 级的器具，还应满足现行标准《节水型生活用水器具》（CJ/T 164—2014）的要求。

二、 节水灌溉

节水灌溉是指根据植物需水规律和当地供水条件，高效利用降水和灌溉水，以取得最佳经济效益、社会效益、生态效益的综合灌溉措施。节水灌溉的主要方式有喷灌、微灌（图 3-6）。微灌包括滴灌、微喷灌、涌泉灌、小管出流灌等，比地面漫灌省水 50％～70％，比喷灌省水 15％～20％。

三、 冷却水节水

制冷工艺过程中产生的废热，一般要用冷却水来导走。冷却塔的作用是将挟带废热的冷

(a)   (b)

图 3-6 节水灌溉

(a) 喷灌技术；(b) 微灌技术

却水在塔内与空气进行热交换，使废热传输给空气并散入大气中。

　　冷却水在循环过程中的水量损失主要有：蒸发损失、风吹损失、排污损失和渗漏损失。循环冷却水节水技术以发展和推广用水重复利用技术，提高水的重复利用率为首要途径。以发展高效循环冷却水处理技术为目的，在保证系统安全、节能的前提下，提高循环冷却水的浓缩倍数，选择技术先进、能耗低、自用水耗少的水处理设备。适用范围主要应用于空调冷却系统。

　　☞思政小贴士：　**中国水资源现状：水资源严重短缺，水资源分布不均，水资源污染严重，水资源浪费严重，水土流失严重。**

任务三　绿色建筑非传统水源利用

🖥 任务导入

　　建筑非传统水源是对建筑日常用水的有力补充，也是节约地表水和地下水资源的最直接合理的途径，对绿色建筑节水工程起到重要作用。

📚 任务目标

　　了解雨水收集利用、再生水的利用和生态水处理技术等内容。

　　非传统水源是指不同于传统地表供水和地下供水的水源，包括再生水、雨水、海水等。本节主要阐述雨水利用、再生水利用、生态水处理等技术。

一、雨水利用

　　雨水利用工程是水综合利用中的一种新的系统工程。在水资源短缺的地区，对雨水进行收集、利用具有很高的经济意义和社会意义。

　　雨水利用包括：①直接利用，即雨水用作生活杂用水、市政杂用水、建筑工地用水、冷却循环、消防等补充用水；②间接利用，即雨水渗透，主要是为了增加土壤含水量，补充涵养地下水资源，改善生态环境。雨水的间接利用表现为雨水渗透，可采用绿地入渗、透水铺装地面入渗、浅沟与洼地入渗等方式，主要分为埋地入渗和地表入渗两种（图 3-7）；③直接利用和间接利用相结合的利用形式。

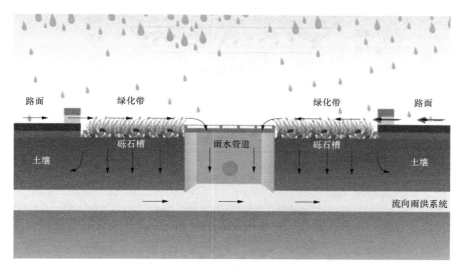

图 3-7　雨水埋地入渗和地表入渗

二、 再生水利用

再生水又称"中水"，是指污水（各种排水）经适当处理后，达到一定的水质标准，满足某种使用要求。其水质介于污水和自来水之间，是城市污水、废水经处理后达到国家相关标准，能在一定范围内使用的非饮用水。再生水主要包括城市河湖景观环境、市政杂用、地下水源补给、农业灌溉、工业以及居民日常生活用水等方面。再生水已经成为一种可靠的替代水源，已经被公认为"城市第二水源"。

再生水处理工艺主要包括物化技术和生化技术两大类，其中物化技术包括混凝、过滤、膜分离［包括微滤（MF）、超滤（UF）、纳滤（NF）和反渗透（RO）］、活性炭吸附、臭氧氧化、多种消毒技术等；生化处理技术主要有曝气生物滤池（BAF）、膜生物反应器（MBR）等。

三、 生态水处理技术

生态水处理技术是指生物水处理技术或以生物技术为主的水处理组合技术，主要原理是在水中种植水生植物，水生植物通过吸收太阳能，进行光合作用，将水体中的碳、氮、磷等营养元素合成固定在自身体内，并向食物链高级生物体内迁移，完成营养物质的转移，最终达到水质净化的目的。生态水处理技术具有运行成本低、生态效果好、改善小环境气候等优点。目前绿色建筑领域常用的生态水处理技术主要有人工湿地技术、生物浮岛＋曝气技术等。本节重点介绍人工湿地技术。

人工湿地是指用人工筑成水池或沟槽，底面铺设防渗漏隔水层，充填一定深度的基质层，种植水生植物，利用基质、植物、微生物的物理、化学、生物三重协同作用使污水得到净化。按照污水流动的方式，可分为表面流人工湿地、水平潜流人工湿地和垂直潜流人工湿地（图3-8）。

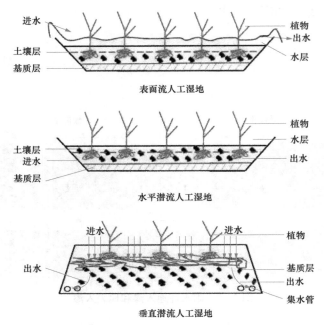

图-8 表面流人工湿地、水平潜流人工湿地和垂直潜流人工湿地

☞思政小贴士： 地球之肾是指湿地生态系统。广阔众多的湿地具有多种生态功能，原育着丰富的自然资源，是地球物种贮存库、气候调节器，在保护生态环境、保持生物多样性以及发展经济社会中，具有不可替代的重要作用。

项目五　绿色建筑室内环境设计

《绿色建筑评价标准》（GB/T 50378—2019）中室内环境质量主要关注室内的声环境质量、光环境质量、热湿环境质量及室内空气质量，本节按此四个部分展开阐述改善环境质量的绿色建筑技术策略。

任务一　室内声环境

📇 任务导入

建筑室内声环境对人的生理和心理都会产生较大影响，适度合理的室内声场可以提高人们的居住生活质量和工作学习效率。

📇 任务目标

1. 了解并掌握室内噪声的来源及传播途径。

2. 了解并掌握室内声场设计的技术手段和隔（吸）声材料的设置原则。

室内声环境对人的工作效率、身心健康和生活质量都有直接影响。提升室内声环境质量可以从合理的建筑布局、应用隔声材料和吸声材料、对室内设备进行隔声降噪等方面来入手。既有建筑室内声环境控制技术及方法主要有以下三种。

一、降低噪声源噪声

降低噪声源噪声主要通过噪声源的控制、减振。降低声源噪声辐射是控制噪声最根本和有效的措施，但主要针对室内的噪声源。在声源处即使只是局部地减弱了辐射强度，也可以使控制中间传播途径中或接收处的噪声变得容易。可通过改进结构设计、改进加工工艺。提高加工精度等措施来降低噪声的辐射。还可以采取吸声隔声、减振等技术措施，以及安装消声器等控制声源的噪声辐射。

二、传播途径降低噪声

传播途径降低噪声主要有吸声、隔声、消声、隔振四种措施。传播途径中的噪声控制有以下五种方法：①利用噪声在传播中的自然衰减低噪声的作用，使噪声源远离安静的地方；②声源的辐射一般有指向性，因此，控制噪声的传播方向是降噪的有效措施；③建立隔声屏障或利用隔声材料和隔声结构来阻挡噪声的传播；④应用吸声材料和吸声结构，将传播中的声能吸收消耗；⑤对固体振动产生的噪声采取隔振措施，以减弱噪声的传播。

三、掩蔽噪声

掩蔽噪声即主动在室内加入掩蔽噪声。遮蔽噪声效应也被称为"声学香水"，用它可以抑制干扰人们宁静气氛的声音并提高工作效率。适当的遮蔽背景声具有这样的特点：无表达含义、响度不大、连续、无方位感。低响度的空调通风系统噪声、轻微的背景音乐、隐约的语言声往往是很好的遮蔽背景声。在开敞式办公室或设计有绿化景观的公共建筑的门厅里，也可以利用通风和空调系统或水景的流水产生的使人易于接受的背景噪声，以掩蔽电话、办公用设备或较响的谈话声等不希望听到的噪声，创造一个适宜的声环境，也有助于提高谈话的私密性。

重点难点：长期处于噪声环境中，人的生理和心理都会受到不良影响，这种影响又具有隐蔽性和长期性的特点，很容易被设计者和使用者忽视。

任务二　室内光环境

任务导入

建筑室内光环境包括天然采光和人工照明，绿色建筑光环境设计应充分利用自然光线的优点，同时合理设置人工光源，以达到最大程度的节能目的。

任务目标

了解不同使用功能的房间对光照的要求，合理选择采光方式及采光口形式。合理优化人工照明设计，选择节能率高的照明设备。

建筑的采光包括自然采光和人工采光。自然光较人工光源相比具有照度均匀、持久性好、无污染等优点，能给人更理想、舒适、健康的室内环境。但大部分既有公共建筑主要采用人工光源，没有充分利用自然光，光环境不理想且耗能巨大。应根据建筑实际情况对透明围护结构及照明系统进行改造，充分利用自然光，营造良好的室内光环境。光环境改善措施有改善自然采光和改善人工照明两种。

一、改善自然采光

自然采光能够改变光的强度、颜色和视觉，不但可以减少照明用电，同时还可以减少照明设备向室内的散热，减小空调负荷。自然采光还可以营造一个动态的室内环境，形成比人工照明系统更为健康和兴奋的工作环境，有益于室内人员身体和身心健康。不恰当的自然采光、不合理的光亮度、不恰当的强光方向、都会在室内造成眩光现象（图3-9）。

(a) (b) (c)

图 3 - 9　室内眩光现象

建筑室内光环境控制的目的一方面是通过最大限度地使用天然光源而达到有效地减少照明能耗的目的；另一方面是避免在室内出现眩光，产生光污染干扰室内人员的工作生活。建筑改善自然采光的方法主要有：采光口改造、遮阳百叶控制、反射镜控制、光导管与光导纤维。

二、改善人工照明

建筑改善自然采光的方法主要有：①采用高效节能的电光源。包括推广使用紧凑型荧光灯、高压钠灯和金属卤化物灯、低压钠灯、发光二极管（LED）等；②采用高效节能照明灯具。选用配光合理，反射效率高，耐久性好的反射式灯具；③采用高效节能的灯具电器附件。用节能电子镇流器取代传统的高能耗电子镇流器，通过高频化提高灯效率、无频闪、无噪声、自身功耗小；④智能照明控制系统。智能照明控制系统可节约能源，降低运行维护费用。

任务三　室内热湿环境和空气环境

📋 任务导入

建筑室内热湿环境是影响人体热舒适度的直接因素，室内空气质量越来越受到人们的重视，二者均为绿色建筑设计使用评价的重要指标。

📚 任务目标

1. 了解影响室内热湿环境的气候因素、环境因素和人为因素并制定相应对策。
2. 了解改善室内空气质量的主要手段及措施。

一、室内热湿环境改善

室内热湿环境是建筑物理环境中最重要的内容。建筑室内热湿环境形成的最主要原因是各种外扰和内扰的影响。外扰主要包括室外气候参数如室外空气温湿度、太阳辐射、风速、风向变化，以及邻室的温湿度，均可通过围护结构的传热、传湿、空气渗透使热量和湿量进入室内，对室内热湿环境产生影响。内扰主要包括室内设备、照明、人员等室内热湿源。

热湿环境改善措施包括围护结构的改造和设备系统的改造，主要通过改善围护结构的隔热保温性能、提高设备系统的效率等得以实现。

二、室内空气环境改善

室内空气环境控制与改善措施主要包括控制污染源、建筑通风稀释和空气净化等措施。

（一）控制污染源

我国已制定了《室内装饰装修材料　人造板及其制品中甲醛释放限量》（GB 18580—2017）。该国标限定了室内装饰装修材料中一些有害物质含量和散发速率，对于建筑物在装饰装修材料的使用方面做了一些的限定，改造和装修时选用有机挥发物含量不超标的材料。另外，对于一些室内污染源，可采用局部排风的方法。比如厨房烹饪可采用抽油烟机解决，厕所异味可通过排气扇解决。

（二）建筑通风稀释

建筑通风是通过自然风或通风设备向室内补充新鲜和清洁的空气，带走潮湿污浊的空气或热量，稀释和排除室内气态污染物，并提高室内空气质量、改善室内热环境的重要手段。建筑通风包括自然通风和机械通风。自然通风无需能耗，应优先考虑利用。改善自然通风的措施有：合理设置和开启门窗、合理设置天井和开启天窗等，可结合室内热环境改善措施进行。

（三）空气净化

空气净化是采用各种物理或化学方法如过滤、吸附、吸收、氧化还原等将空气中的有害物清除或分解掉。目前的空气净化方法主要有：空气过滤、吸附方法、紫外灯杀菌、静电吸附、纳米材料光催化、等离子放电催化、臭氧消毒灭菌和利用植物净化空气等。

注：总挥发性有机物，简称TVOC（Total Volatile Organic Compounds）是指室温下饱和蒸气压超过了133.32Pa的有机物，其沸点在50～250℃，在常温下可以蒸发的形式存在于空气中，它的毒性、刺激性、致癌性和特殊的气味性，会影响皮肤和黏膜，对人体产生急性损害。

学习情境四　绿色建筑主要技术

　　绿色建筑的建造特点包括：对建筑的地理条件有明确的要求，土壤中不存在有毒、有害物质，地温适宜，地下水纯净，地磁适中。

　　绿色建筑应尽量采用天然材料。建筑中采用的木材、树皮、竹材、石块、石灰、油漆等，要经过检验处理，确保对人体无害。

　　绿色建筑还要根据地理条件，设置太阳能采暖、热水、发电及风力发电装置，以充分利用环境提供的天然可再生能源。

　　随着全球气候的变暖，世界各国对建筑节能的关注程度正日益增加。人们越来越认识到，建筑使用能源所产生的 CO_2 是造成气候变暖的主要来源。节能建筑成为建筑发展的必然趋势，绿色建筑也应运而生。

　　☞思政小贴士：　我国首次提碳中和目标，不仅是中国首次对碳排放下降提出的明确目标，也是巴黎协定签订以来中国提出的最远期的减碳承诺。这个目标将实现中国在能源领域的革命，不仅会重塑中国能源结构，也会对经济产生正面的影响，带来数字化转型和智能化的应用在电力，交通的普及。而从一个更大的维度去看，中国进行能源领域的碳中和变革也是中国科技进步浪潮下的一个能源领域缩影。

项目一　绿色建筑技术概念与分类

任务一　绿色建筑技术的概念

任务导入

　　在当今社会，随着环保意识的不断提高，绿色建筑已经成为建筑业发展的必然趋势。绿色建筑技术是指在建筑设计、施工、运营和拆除等各个环节中，采用环境友好型材料、设备和技术，以减少对环境的影响，降低建筑能耗，提高室内环境质量和舒适度的一种建筑技术。本任务将从绿色建筑技术的概念出发，深入探讨绿色建筑的相关技术和应用。

任务目标

1. 掌握绿色建筑技术的定义和相关概念，了解其在建筑业中的重要性和必要性。
2. 了解绿色建筑技术在建筑设计、施工、运营和拆除等环节中的应用方式和方法。
3. 学习绿色建筑技术对环境保护、节能减排、健康舒适等方面的影响和作用。
4. 培养绿色建筑技术的意识和思维，探索绿色建筑技术在实践中的应用和推广。

一、绿色施工概念

绿色施工是指工程建设中，在保证质量、安全等基本要求的前提下，通过科学管理和技术进步，最大限度地节约资源和减少对环境的负面影响的施工活动，实现环境保护、节能和能源利用、节材、节水、节地和土地资源保护。绿色施工是绿色施工技术的综合使用和具体体现，绿色施工技术措施是绿色施工的基本保证。施工前应在施工组织设计和施工方案中明确绿色施工的内容和方法，还要求建立绿色施工培训制度，对具体施工工艺技术进行研究，采用新技术、新工艺、新机具、新材料，以达到"四节一环保"的目的。

二、绿色建筑技术

绿色建筑技术在建筑设计、施工、运营和拆除等环节中的应用方式和方法包括以下几个方面：

（一）建筑设计阶段

（1）充分考虑建筑方位、采光、通风等自然要素，减少对环境的影响。
（2）采用节能材料，如高性能保温材料、隔热材料等，降低能耗。
（3）采用可再生能源，如太阳能、风能等，提高能源利用效率。
（4）设计室内环境，提高室内空气质量、采光、通风等条件。

（二）建筑施工阶段

（1）采用环保型材料，如低 VOC 涂料、石材等，减少对环境的污染。
（2）采用节能施工技术，如建筑节能隔墙、隔热层、节能窗等，降低能耗。
（3）采用绿色施工工艺，如装配式建筑、预制板等，减少施工对环境的影响。

（三）建筑运营阶段

（1）采用智能化控制系统，如智能照明、智能空调等，提高能源利用效率。
（2）加强建筑维护管理，保持建筑的良好状态，减少对环境的影响。
（3）采用绿色运营理念，如绿色清洁、绿色园林等，提高建筑的环保水平。

（四）建筑拆除阶段

（1）采用环保型拆除工艺，如拆除废弃建筑材料的回收利用、采用低碳拆除方式等，减少对环境的影响。
（2）保护建筑周边环境和城市生态环境，减少建筑拆除对周边环境的影响。

三、绿色建筑技术的应用

绿色建筑技术的应用可以对环境保护、节能减排、健康舒适等方面产生多种积极的影响和作用，具体包括以下内容。

1. 环境保护

绿色建筑技术的应用可以减少建筑对环境的影响，降低建筑能耗和污染物排放，减少建筑垃圾的产生和处理，保护城市生态环境。

2. 节能减排

绿色建筑技术的应用可以降低建筑能耗，通过采用节能材料、节能设计和节能设备等方式，降低建筑的能源消耗和能源成本，并减少建筑对环境的污染。

3. 健康舒适

绿色建筑技术的应用可以提高室内空气质量、采光、通风等条件，创造健康舒适的室内环境，有利于人们的身心健康，提高居住和工作的舒适度。

4. 可持续发展

绿色建筑技术的应用可以促进城市可持续发展，通过提高建筑的节能环保性能、减少资源的消耗和浪费、推广可再生能源等方式，实现城市可持续发展的目标，为城市的可持续发展提供支持。

四、 培养绿色建筑技术的应用能力和创新思维

培养绿色建筑技术的应用能力和创新思维可以从以下几个方面进行：

（1）开设绿色建筑技术相关的课程，包括绿色建筑设计、施工、运营和拆除等方面的内容，为学生提供系统化的培训和学习机会，培养学生的绿色建筑技术应用能力和创新思维。

（2）开展实践课程和实践项目，并提供行业实习和实践机会，让学生接触到实际的绿色建筑项目和行业专业人士，并亲身参与到绿色建筑技术的应用和创新中，提高学生的实践能力和创新思维。

（3）建立绿色建筑技术创新平台，提供技术交流、创新设计和实验研究等机会，鼓励学生和专业人士在绿色建筑技术应用和创新方面进行探索和实践，推动绿色建筑技术的普及和应用。

（4）加强对绿色建筑技术的宣传和推广，提高人们对绿色建筑技术的认知了解，从而更好地推动绿色建筑技术的发展和应用。

任务二　绿色建筑技术的分类

📋 任务导入

在绿色建筑的设计和实施过程中，各种技术的应用起着至关重要的作用。绿色建筑技术的分类可以帮助我们更好地了解和应用这些技术，以实现绿色建筑的目标。本任务将介绍绿色建筑技术的分类，并深入探讨每个分类的特点和应用。

📚 任务目标

通过学习本节内容，读者将能够理解绿色建筑技术的分类，包括节能技术、环保材料技术、智能化技术、绿色屋顶、外围护结构技术。读者将了解每种技术的原理和应用，并能够在实际项目中选择和应用适当的技术，以实现绿色建筑的目标。

从采用技术的层面考虑，绿色建筑技术包括：

（1）软技术，即采用先进的设计理念和方法、利用设计专用计算机模拟软件对热岛、建筑热工、风场、日照、采光、通风等方面进行精细设计，如图 4-1 所示。

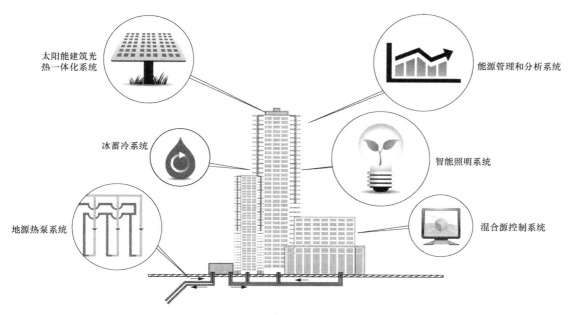

太阳能建筑光热一体化系统

能源管理和分析系统

冰蓄冷系统

智能照明系统

地源热泵系统

混合源控制系统

图 4-1　利用 BIM 技术对建筑进行节能设计

（2）硬技术：采用高性能的围护结构部件、节能的冷热源系统、高效的暖通空调设备以及利用可再生能源利用技术，例如太阳能集热器、沼气、地下蓄能（地下风道、地下水直接利用）；海水供能、污水废热利用；太阳能光伏板、光导管、风能发电机等，如图 4-2 和图 4-3 所示。

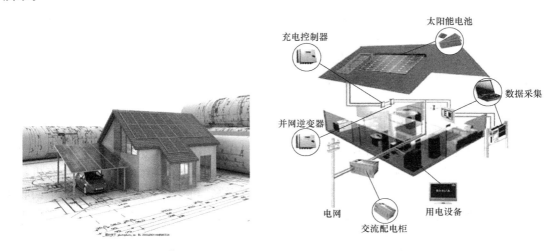

充电控制器

太阳能电池

并网逆变器

数据采集

电网

交流配电柜

用电设备

图 4-2　太阳能光伏发电　　　　图 4-3　光伏发电系统分解

绿色节能建筑应该采用：产出投入比高的技术，而不是盲目采用昂贵技术，应重视软技术而不是偏重硬技术，深入、科学的方案论证，精心仔细的设计是保证，否则再昂贵的设备也无法发挥作用，软技术比硬技术的成本低得多，但作用却是决定性的。应因地制宜采用适宜技术，而不应该盲目追求新奇。"先进"体现在适宜和高效，不是"高新"。很多优秀的传统民居就是因地制宜的节能、绿色建筑的典型，如土窑洞、徽居。

项目二　绿色建筑节能技术

绿色建筑技术主要包括以下方面。

一、节能技术

节能技术是绿色建筑的核心内容之一，主要包括建筑隔热材料、高效节能的供暖、通风、空调等设备，以及地源热泵、太阳能等新能源的利用。采用高性能隔热材料，如岩棉、玻璃棉、聚氨酯等，可以有效减少热损失。在供暖、通风、空调方面，采用高效节能的设备和技术，如地源热泵、空气源热泵、太阳能等，可以降低能耗。

节能技术可以分为主动式节能技术和被动式节能技术两种。主动式节能技术是指通过技术手段和管理措施，采取主动地控制、调节和优化，实现能源的高效利用和减少能源消耗的技术。它不仅可以降低能源的使用成本，还可以减少环境污染和碳排放，促进可持续发展。常见的主动式节能技术包括能源管理系统、智能控制系统、高效节能设备等。被动式节能技术是一种通过在建筑物及其系统中应用设计和材料的方法，以减少能源消耗并提高能源效率的技术。它主要依赖于建筑物自身的特性，如建筑结构、材料选择、朝向、隔热性能等，来减少能源的浪费和损耗，减少对外界能源的依赖，从而实现节能的目的。被动式节能技术不需要外部能源输入，例如太阳能利用、自然通风和自然采光等技术。这些技术被广泛应用于建筑物的设计和建造中，并成为现代建筑节能的重要手段之一。主动式节能技术和被动式节能技术在绿色建筑中都非常重要，可以通过不同的技术手段来减少能耗，提高建筑的可持续性。

被动式节能技术和主动式节能技术各有优点，应该根据具体情况综合运用。被动式节能技术主要通过改善建筑结构、材料选择、设计理念等来实现节能，不需要额外的能源投入，具有成本低、使用寿命长、维护成本低等优点，同时也能够最大限度地利用自然条件，减少能耗，提高建筑的可持续性。而主动式节能技术则主要通过采用高效节能的供暖、通风、空调设备、新能源利用技术等来实现节能，需要额外的能源投入，但是在节能效果方面具有更高的灵活性和响应速度。

二、环保材料技术

环保材料技术是绿色建筑的另一个核心内容，包括使用低 VOC、低放射性等环保建材，采用再生材料和可持续材料等。低 VOC（挥发性有机物）建材是指含有低挥发性有机物的建材，如低 VOC 涂料、地板等，可以降低室内空气污染。再生材料是指从废弃物中回收再利用的材料，如再生木材、再生钢材等，可以减少资源浪费。可持续材料是指来源于可再生资源的材料，如竹材、麻材等，具有可再生、可回收、可生物降解等特点。

注：VOC 是挥发性有机化合物（Volatile Organic Compounds）的缩写，是指在常温下易挥发的有机化合物。VOC 是大气污染的重要成分之一，对环境和人体健康都有潜在的影响。挥发性有机溶剂、烃类、卤代烃、醇类、酮类、醚类、酯类等。

三、 智能化技术

通过智能建筑管理系统，实现建筑物自动化控制，包括调节室内温度、湿度、照明、风速等，提高建筑能源利用效率。智能化技术的应用可以降低能耗，提高建筑的可持续性。智能化技术还可以实现智能家居、智慧园区等功能，提高人们的居住和工作舒适度。

四、 绿色屋顶、 外围护结构技术

绿色屋顶、墙体技术是指在建筑物的屋顶、墙面上种植植物，以减少城市中的热岛效应，提高建筑的环保性和美观性。绿色屋顶分为浅层绿化屋顶和深层绿化屋顶，浅层绿化屋顶指在屋顶上种植草皮，深层绿化屋顶指在屋顶上种植灌木、花卉等。绿色墙体是指在建筑外墙上种植植物，形成垂直绿化。绿色屋顶、墙体技术可以提高建筑的环保性和美观性，同时也可以降低建筑能耗，提高建筑的可持续性。

任务一   节能技术

📋 任务导入

在绿色建筑的设计和施工过程中，节能技术是实现能源效益最重要的一项技术。通过采用节能技术，可以减少建筑能耗，降低对传统能源的依赖，实现可持续发展的目标。本任务将介绍绿色建筑中常用的节能技术，包括建筑外墙保温技术、高效照明系统、智能控制系统等。

📚 任务目标

通过学习本任务内容，读者将了解每种技术的原理和应用，并能够在实际项目中选择和应用适当的节能技术，以实现绿色建筑的节能目标。同时，读者还将了解到通过采用节能技术所带来的经济和环境效益，以及节能技术在绿色建筑中的重要性。

一、 主动式节能技术

（一） 主动式节能技术的实施

1. 采用高效节能的供暖、通风、空调设备

（1）选择高效节能的供暖设备：采用高效节能的供暖设备，如地源热泵、空气源热泵、太阳能热水器等。这些设备可以利用环境中的自然能源进行供暖，比传统的供暖设备更加节能环保。

1）地源热泵（地源热泵工作原理如图 4-4～图 4-6 所示）。

> 注： 地源热泵中内置的专有吸热装置—冷媒，在液化时温度可低至零下 20℃，与外界环境形成了巨大的温差。地源热泵运行时，机组内的压缩机会对冷媒做功，产生汽—液转化的循环，从而实现制冷的效果，反向则会实现的制热的效果。

2）空气源热泵。与传统制冷设备空调相比较，空调器冷却时，主机排出热气。空气源的作用与此相反，生产热水，排出冷气。该装置采用逆卡诺循环原理，以电能为动力，通过传热介质，有效地吸收空气中不可用的低级热能，将所吸收的热能转化为可用的高级热能释

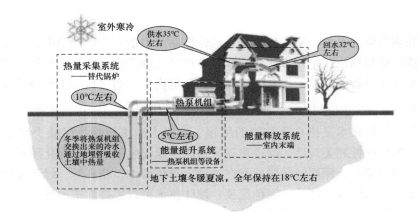

图 4-4　地源热泵冬季制热原理

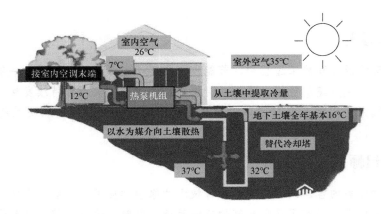

图 4-5　地源热泵夏季制冷原理

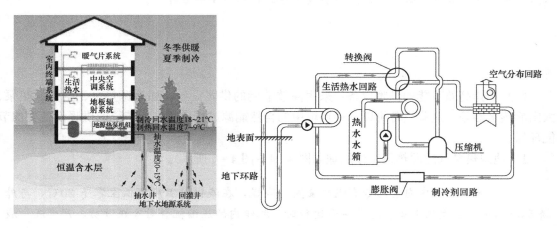

图 4-6　地源热泵工作原理示意图

放到水中。空气源热泵在不同工况下每消耗 1kW 电能，从低温热源中吸收 2～6kW 自由散热，节能效果显著（图 4-7）。

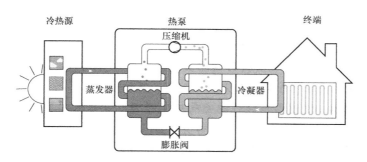

图 4 - 7　空气源热泵工作基本原理图

制热原理：冷媒的沸点是非常低的，空气源热泵是通过热泵压缩机进行压缩做功，将冷媒不断地从室外的空气中吸取热量，之后冷媒温度提升，把热量又传递给我们所需的水源，这样我们就得到了日常所需的热水，以及地暖所需的热量。

注：　冷媒是指用于制冷和空调系统中的介质，它通过吸热蒸发和放热冷凝的循环过程，将热量从一个地方转移到另一个地方。冷媒具有低沸点和高蒸发热，能够在低温下蒸发和在高温下冷凝。常见的冷媒包括氨气、氟利昂、丙烷等。冷媒在制冷循环中起到传递热量的作用，使得制冷系统能够实现制冷效果。然而，一些冷媒对环境有害，例如氟利昂会破坏臭氧层，因此国际上推行使用对环境友好的替代冷媒。

制冷原理：空气源热泵的制冷工作原理和空气源热泵制热的工作原理一样，但是其工作顺序恰好相反，通过压缩机进行做功压缩，冷媒从室内的空气中吸取热量，从而来降低室内的温度，起到制冷的效果。

（2）选择高效节能的通风设备：采用高效节能的通风设备，如集中通风系统、新风系统等。这些设备可以实现室内外空气的良好交换，提高室内空气的质量，同时也可以减少能源的消耗。都可以通过有效的空气循环和换气，减少能源消耗和电力消耗，达到节能节电的目的。它们在节能、环保、舒适等方面都具有很大的优势，是绿色建筑中重要的通风设备。

1）集中通风系统。集中通风系统又称为机械通风系统，是一种通过机械方式将室内空气排出，同时从室外引入新鲜空气的通风设备。该系统包括管道、风机、过滤器等组成部分。它可以通过管道将室内空气排出，同时从室外引入新鲜空气，实现室内外空气的良好交换，提高室内空气质量。同时，集中通风系统还可以通过过滤器过滤空气中的颗粒物和有害气体，减少室内污染物的浓度。集中通风系统在家庭、办公室等场所广泛应用。

2）新风系统。新风系统是一种通过引入新鲜空气实现通风换气的设备。新风系统通常会在室外安装空气处理设备，通过该设备将室外的新鲜空气引入室内。在引入室内之前，新风系统会对空气进行过滤处理，去除室外空气中的颗粒物、污染物和异味等。新风系统还可以根据需要进行空气的加热或降温处理，以适应室内的温度要求。系统会根据室内空气质量和人员活动情况，调节供风量，保持室内空气的新鲜度和舒适度。在室内空气污染较为严重的情况下，新风系统还可以通过排风口将室内空气排出室外，保持室内空气质量。

注： 新风系统通过过滤器来过滤空气，以去除空气中的灰尘、颗粒物、花粉、细菌、病毒等污染物。常见的过滤器材料和措施如下：

1. 颗粒物过滤器：常见的颗粒物过滤器材料包括纤维玻璃、合成纤维、活性炭等。这些过滤器能有效地去除空气中的灰尘、颗粒物、花粉等。

2. HEPA 过滤器：过滤器能够过滤空气中直径为 0.3 微米的颗粒物，过滤效率可达到 99.97%。它通常由玻璃纤维构成，能够有效去除细菌、病毒等微小颗粒。

3. 活性炭过滤器：活性炭过滤器能够吸附空气中的有机化合物、异味等，提供更清新的空气。

4. UV-C 灯杀菌：一些新风系统还会配备 UV-C 灯，通过紫外线杀灭空气中的细菌、病毒等微生物。

5. 静电除尘：一些新风系统使用静电除尘技术，通过静电场吸附空气中的颗粒物。

与传统的自然通风相比，新风系统可以控制室内外空气的交换量，实现更加精准的通风换气效果。新风系统广泛应用于住宅、商业建筑、医院等场所，如图 4-8 和图 4-9 所示。

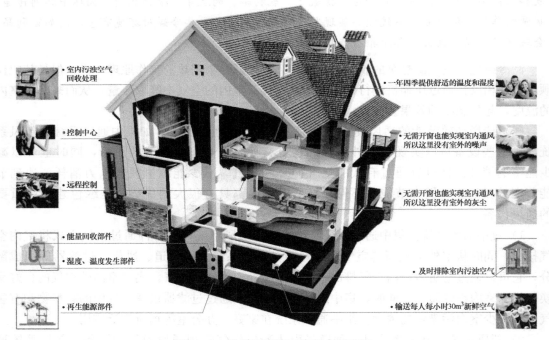

室内污浊空气回收处理

控制中心

远程控制

能量回收部件

湿度、温度发生部件

再生能源部件

一年四季提供舒适的温度和湿度

无需开窗也能实现室内通风所以这里没有室外的噪声

无需开窗也能实现室内通风所以这里没有室外的灰尘

及时排除室内污浊空气

输送每人每小时30m³新鲜空气

图 4-8　送新风系统工作基本原理图

（3）选择高效节能的空调设备：采用高效节能的空调设备，如变频空调、地源热泵空调等。这些设备可以根据室内外环境的变化，自动调节运行状态，提高能源利用效率，同时也可以提供更加舒适的室内环境。

（4）进行节能改造：对现有的供暖、通风、空调设备进行节能改造，如安装节能阀门（图 4-10）、对供暖、通风、空调等设备的管道进行优化布局（图 4-11），减少管道的阻力

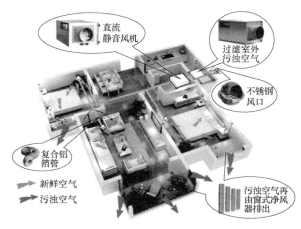

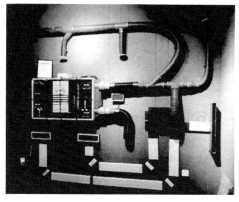

图4-9　送新风系统内外空气交换过程及设备展示

和流阻损失，提高能源利用效率。例如，对管道进行隔热、缩短管道长度等措施，可以减少能源的损耗。

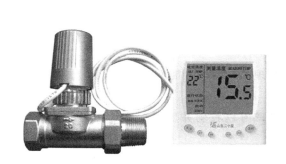

图4-10　数字显示温度控制阀

图4-11　地暖管道布置优化

注：　用户根据采暖需要，将室内的需求温度在温度控制器上进行设置；当房间温度达到设定温度时，电热执行器内正温度系数热敏电阻开始工作，加热膨胀装置，阀门关闭；反之，室内温度降低，温控器断开，执行器降温，膨胀装置收缩，阀门打开。由此对房间温度进行按需控制，达到节约用热的目的。

（5）进行运行管理和维护：定期进行设备的运行管理和维护，如清洗空调过滤器、检查管道漏水等。这些措施可以保证设备的正常运行，提高设备的能效，延长设备的使用寿命。例如，一些高效节能的空调设备可以通过智能控制系统，实现室内外温度、湿度、质量等参数的实时监测和调节，根据室内外环境的变化自动调整运行状态，提高能源利用效率。同时，这些设备还可以采用环保的制冷剂，减少对大气层的污染，实现节能环保的效果。

2. 采用新能源利用技术

新能源利用技术包括太阳能光伏发电、太阳能热能利用等，来提高能源利用效率。

3. 采用智能建筑管理系统

通过使用物联网技术和智能化设备，实现对建筑物各个系统和设备进行集中监控、控制和管理的系统。它可以包括建筑自动化系统、能耗管理系统、安全监控系统、楼宇通信系统等多个子系统的集成和协调,如图 4-12 所示。

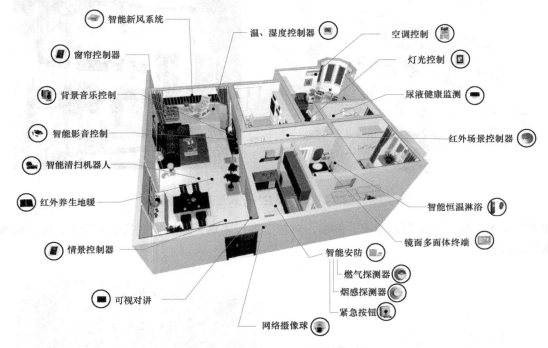

智能新风系统
窗帘控制器
背景音乐控制
智能影音控制
智能清扫机器人
红外养生地暖
情景控制器
可视对讲
网络摄像球

温、湿度控制器
空调控制
灯光控制
尿液健康监测
红外场景控制器
智能恒温淋浴
镜面多面体终端
智能安防
燃气探测器
烟感探测器
紧急按钮

图 4-12　通过智能建筑管理系统高效利用能源

注: 智能化建筑管理系统通过移动设备终端可以控制并监测全屋所有电子设备,提高居住者的使用舒适度。

4. 采用高效节能的照明设备

例如 LED 灯,能够比传统的白炽灯和荧光灯节省更多电能,降低能耗。

二、 被动式节能技术

被动式节能技术的实施包括以下几个方面:

(1)采用高性能隔热材料:如采用高性能保温材料,比如聚苯板、岩棉板、玻璃棉等,可以减少室内能耗。

(2)设计合理的建筑朝向和采光:比如在北半球,将建筑的主要窗户朝向南方,可以最大限度地减少冬季阳光照射不足的问题,同时夏季可以通过遮阳来降低室内温度。

(3)采用高效节能的建筑外墙:例如采用复合墙体结构、双层玻璃窗等,能够降低室内能耗。

(4)采用节能建筑设计理念:如采用 Passivhaus 理念的建筑设计,可以最大限度地利用被动式节能技术。通过优化建筑结构、改善室内环境、提高建筑保温性能等,来减少室内能耗.综上所述,主动式节能技术和被动式节能技术结合起来,可以使绿色建筑实现更高效、更可持续的能源利用,从而减少对环境的影响,如图 4-13 和图 4-14 所示。

图 4-13　结合太阳能光伏的被动小屋　　　图 4-14　自然通风采光的被动房

（5）采用高效节能的门窗：如采用双层或三层中空玻璃窗户、断桥铝门窗、塑钢门窗等，能够有效地防止热量的传递，从而减少室内能耗。综上所述，被动式节能技术主要是通过建筑设计和材料选择来实现节能，不需要额外的能源投入，但需要在建筑设计阶段就考虑到。采用被动式节能技术可以最大限度地利用自然条件，减少能耗，提高建筑的可持续性。

注：被动式节能屋（德语：Passivhaus）又可译为被动式房屋，是基于被动式设计而建造的节能建筑物。被动式房屋可以用非常小的能耗将室内调节到合适的温度，非常环保。

任务二　环保材料技术

任务导入

绿色建筑的施工过程中，选择和应用环保材料技术是至关重要的一环。环保材料技术的应用可以减少对自然资源的消耗，降低对环境的污染，实现可持续发展的目标。本任务将介绍绿色建筑中常用的环保材料技术，包括可再生材料、低碳材料、无毒材料等。

任务目标

通过学习本任务内容，读者将了解每种技术的原理和应用，并能够在实际项目中选择和应用适当的环保材料，以实现绿色建筑的环保目标。同时，读者还将了解到通过采用环保材料技术所带来的经济和环境效益，以及环保材料技术在绿色建筑中的重要性。

一、环保材料根据发展现状分类

（1）绿色建材：绿色建材是指在生产、使用和废弃的整个周期中都对环境没有或很少污染的建筑材料。例如竹木材、生态砖等。

（2）可降解材料：可降解材料是指在自然条件下可以被微生物、水等分解，不会对环境造成污染的材料。例如，玉米淀粉制品、生物降解塑料等。

（3）再生材料：再生材料是指对废弃材料进行回收和再加工，制成新的材料使用。具体来说，再生材料是通过回收利用废弃材料，将其重新加工制成新材料的过程。例如，再生木材、再生塑料（图4-15和图4-16）等都是通过废旧材料回收和再加工制成的。再生材料可以有效减少废弃材料的污染和浪费，节约资源，但其使用寿命和性能可能不如原材料。

图4-15　再生木塑

图4-16　木塑制作的室外地面

> 注：反向木材诞生于这项技术，是一种100%回收的建筑材料，主要由废木材和废塑料制成。再现天然木材的外观和纹理等纹理的同时超越天然木材的性能。它可以根据需要多次重新粉碎和回收。它是一种先进的生态材料，引领着资源循环型社会。

二、　实施环保材料技术的方法

（1）选择推广环保材料：在选材时，应选择环保材料，如绿色建材、可降解材料、再生材料等。通过宣传和推广环保材料的优点，鼓励消费者和企业采用环保材料，减少对环境的影响。

（2）政策支持：政府和相关部门可以出台政策，支持环保材料的生产和使用，促进环保材料技术的发展和应用。

（3）加强监管：加强对环保材料生产和使用的监管，对环保材料的生产企业进行认证和监督，确保环保材料的质量和安全。总的来说，环保材料技术是一种重要的环保措施，可以通过选择、推广、政策支持和监管等多种方式来实施。

任务三　智能化技术

任务导入

在绿色建筑的施工过程中，智能化技术的应用可以提高建筑的能效和舒适性，实现智能化管理和控制。通过智能化技术，建筑可以实现自动化控制、能源监测和优化，提供舒适的室内环境，同时还可以实现对建筑设备的智能管理。本任务将介绍绿色建筑中常用的智能化技术，包括智能控制系统、智能照明系统、智能空调系统等。

任务目标

通过学习本任务内容，读者将了解每种技术的原理和应用，并能够在实际项目中选择和应用适当的智能化技术，以实现绿色建筑的智能化管理和能效优化的目标。同时，读者还将了解到通过采用智能化技术所带来的舒适性和能源节约效益，以及智能化技术在绿色建筑中的重要性。

随着信息技术的不断发展，建筑智能化技术已经成为建筑行业的新趋势。建筑智能化技术主要是指通过计算机、通信、控制和传感器等技术手段，实现建筑物自动化、智能化、能源节约和环境保护等目标。以下是建筑智能化技术的一些常见形式和例子：

一、智能照明系统

智能照明系统是通过计算机、通信、控制和传感器等技术手段，实现照明的自动化和智能化控制，包括亮度、色温、开关等方面。其主要原理是通过安装光线传感器、温度传感器、人体红外传感器等感应设备，对室内环境进行检测，然后通过计算机和控制系统进行数据处理和控制，实现照明的自动化和智能化控制。

具体可实现的操作如下：

> 注：色温是表示光线中包含颜色成分的一个计量单位。从理论上说，黑体温度指绝对黑体从绝对零度（－273℃）开始加温后所呈现的颜色。黑体在受热后，逐渐由黑变红，转黄，发白，最后发出蓝色光。当加热到一定的温度，黑体发出的光所含的光谱成分，就称为这一温度下的色温，计量单位为"K"（开尔文）。

（1）灯光调节：用于灯光照明控制时能对电灯进行单个独立的开、关、调光等功能控制，也能对多个电灯的组合进行分组控制，方便用不同灯光编排组合形式营造出特定的气氛。

（2）智能调光：随意进行个性化的灯光设置；电灯开启时光线由暗逐渐到亮，关闭时由亮逐渐到暗，直至关闭，有利于保护眼睛，又可以避免瞬间电流的偏高对灯具所造成的冲击，能有效地延长灯具的使用寿命。

（3）延时控制：在外出的时候，只需要按一下"延时"键，在出门后30s，所有的灯具和电器都会自动关闭。

（4）控制自如：可以随意遥控开关房间内任何一盏路灯；可以分区域全开全关与管理每路灯；可手动或遥控实现灯光的随意调光，还可以实现灯光的远程电话控制开关功能。

（5）全开全关：整个照明系统的灯可以实现一键全开和一键全关的功能。

（6）场景设置：回家时，在家门口用遥控器直接按"回家"场景，智能照明系统分解如图4-17所示。

智能照明系统案例：

沙特阿拉伯利雅得科学城：该项目采用了一种名为"智慧照明"的智能照明系统，通过感应设备、亮度传感器和温度传感器等，实现室内灯光的自动化和智能化控制。该系统还可以通过手机App进行远程控制。

德国柏林国际机场：该机场的智能照明系统采用了一种名为"LiFi"的技术，通过LED灯光实现无线网络覆盖，同时也可以实现灯光的自动化和智能化控制，如图4-18所示。

美国西雅图亚马逊公司新总部：该项目的智能照明系统采用了一种名为"天花板照明"的技术，通过安装在天花板上的LED灯光，实现室内灯光的自动化和智能化控制，同时还可以实现语音控制和移动设备控制，如图4-19所示。

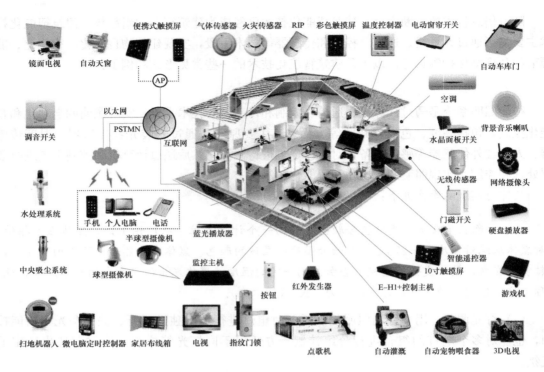

便携式触摸屏　气体传感器　火灾传感器　RIP　彩色触摸屏　温度控制器　电动窗帘开关

镜面电视　自动天窗

自动车库门

AP

调音开关

以太网

空调

PSTMN

背景音乐喇叭

互联网

水晶面板开关

水处理系统

手机　个人电脑　电话

无线传感器

网络摄像头

门磁开关

蓝光播放器

硬盘播放器

中央吸尘系统

半球型摄像机

球型摄像机

监控主机

智能遥控器

10寸触摸屏

红外发生器

E-H1+控制主机

游戏机

按钮

扫地机器人　微电脑定时控制器　家居布线箱　电视　指纹门锁　点歌机　自动灌溉　自动宠物喂食器　3D电视

图 4-17　智能照明系统分解图

图 4-18　德国柏林新机场

图 4-19　美国西雅图亚马逊公司新总部

二、　智能空调系统

通过传感器、计算机和控制系统等技术，实现空调的自动化和智能化控制，包括温度、湿度、风速等方面。绿色建筑的智能空调系统通常包含以下方面：

注：　智能空调系统已经在我们的生活中很多方面得到了应用，现在正在智能化、集成化的道路上越发展越快。

1. 智能化控制系统

智能空调系统可以通过传感器和控制器等设备，实时感知室内和室外的温度、湿度、气流等参数，自动根据这些参数进行调节和控制，以达到节能和舒适的效果。此外，智能空调系统还可以通过预测模型和人工智能算法等技术，对气候变化和人员活动等因素进行预测和优化调节。

（1）智能化控制系统通常包括以下设备：

1）传感器：传感器可以感应室内外的温度、湿度、二氧化碳浓度、光线等参数，并将这些数据传输到控制器中，以便控制器根据这些参数进行控制和调节。

2）控制器：控制器是智能化空调系统的核心部件，它可以通过收集传感器的数据，进行分析和处理，并根据预设的控制策略和算法，自动调节空调系统的运行状态，以达到节能和舒适的目的。

3）执行器：执行器是控制器的输出部件，它可以根据控制器的指令，控制空调系统的送风、回风、制冷、制热等功能，实现空调系统的自动化控制。

4）人机界面：人机界面是智能化空调系统的交互部件，它可以为用户提供控制和监测空调系统的界面。例如，用户可以通过手机 App、智能面板等设备，远程控制和监测空调系统的运行状态。智能化系统具体分解如图 4-20 所示。

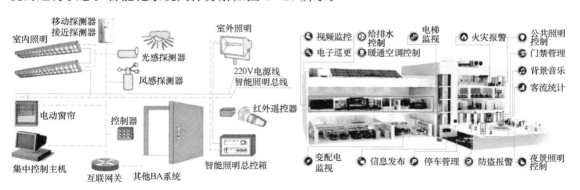

图 4-20　智能化系统分解图

（2）智能化控制系统的控制方法包括以下几种：

注：　智能化控制系统正在和建筑、门窗、设备等紧密的结合，形成智能化、舒适化、便利化的集成组合。

1）定时控制：根据预设时间表控制空调设备的开关、模式等参数。

2）温度控制：通过控制空调的制冷或制热功能，调节室内温度到设定范围（图 4-21）。

3）人体感应控制：通过人体传感器检测人员活动状态，智能地自适应调整空调设备参数。

4）风速控制：通过控制空调风机转速，调节室内温度分布均衡度（图4-22）。

5）能耗优化控制：通过智能算法分析室内外环境参数，优化空调设备参数，达到最佳节能效果。

图4-21　智能温度控制系统

图4-22　智能风速控制系统

2. 风量调节系统

智能空调系统可以根据房间内的人员活动情况和外部气候变化，自动调节送风量和风速，使得室内的温度和湿度达到最佳状态，同时保证空气的流通和质量。

3. 能耗监测系统

智能空调系统可以通过能耗监测系统实时监测和记录空调的能耗情况，以便管理人员进行能源管理和优化调整。此外，这些监测数据还可以用于制定能源消耗的报告和计划，以便对空调系统进行更加有效的管理和维护。

4. 空气净化系统

智能空调系统可以通过空气净化系统对室内的空气进行净化和过滤，去除空气中的污染物和异味，利用传感器检测室内二氧化碳、PM2.5等污染物质的浓度，提高室内空气质量，保障人员的健康。

5. 联网互动系统

智能空调系统可以通过联网互动系统实现对空调系统的远程监控和操作，以便管理人员进行远程调节和维护。此外，空调系统还可以与其他智能家居设备和系统进行联动，实现更加智能化和便捷的使用体验。以上是绿色建筑智能空调系统的主要组成部分，这些技术的应用可以实现对空调系统的智能化管理和控制，达到更加节能、环保、舒适和智能的效果。

三、 智能安防系统

通过视频监控、安全门禁、烟雾报警等技术手段，实现建筑安全的自动化和智能化控制。智能安防系统可以采用多种控制方法，例如基于视频分析的人脸识别、行为分析等技术，可以对人员进行精准识别和分析；基于机器学习和深度学习算法的异常检测、目标跟踪等技术，可以对异常行为进行自动识别和预警。

注：我们的生活正在被各种智能化安防控制系统所覆盖，无论是家庭、办公室、还是户外都被各种安防设施所保护。

1. 监控摄像头

安装在室内或室外，可以实时监控房间或场所的情况。主要有以下类型：

（1）室内监控摄像头：主要用于室内监控，例如办公室、商店、家庭等。通常采用固定焦距、固定视角的设计，可以实现高清视频监控、夜视、移动侦测等功能，如图 4 - 23 所示。

（2）室外监控摄像头：主要用于室外监控，例如道路、公园、广场等。室外监控摄像头需要具备防水、防尘、防暴、防雷等功能，同时还需要具备夜视、遮阳、防眩光等特点，以适应各种复杂的环境，如图 4 - 24 所示。

图 4 - 23　室内监控摄像头

图 4 - 24　室外监控摄像头

（3）随着网络技术和监控摄像头技术的发展，网络监控摄像头可以与手机、电脑等设备相连接，实现远程视频监控、远程对讲、远程控制等功能。

2. 门禁系统

通过密码、指纹、人脸识别等方式，对出入人员进行身份验证，确保安全性。门禁系统的工作原理是通过识别设备读取用户的身份信息，并与数据库中的信息进行比对，如果匹配则门禁系统将开启。门禁系统通常由门禁控制器、识别设备、电磁锁等组成。当门禁系统开启时，门禁控制器将控制电磁锁开启，用户可以通过门禁区域进出。门禁系统可以实现对门禁区域的安全控制，防止未经授权的人员进入，确保门禁区域的安全。

注：智能化门禁系统正在飞速发展，让我们的办公、生活更加便利安全，同时伴随的风险是个人生物信息有可能被泄露。

（1）刷卡门禁系统：用户通过刷卡来开启门禁系统，刷卡门禁系统通常使用射频卡或磁卡等智能卡作为识别设备。用户在刷卡时需要将卡片靠近读卡器，读卡器将读取卡片中的信息，如果信息匹配则门禁系统开启。

（2）指纹识别门禁系统：用户通过指纹识别来开启门禁系统，指纹识别门禁系统通常使用指纹识别仪器进行识别。用户在识别仪器上放置手指，仪器将读取手指上的指纹信息，并与数据库中的信息进行比对，如果匹配则门禁系统开启，如图 4 - 25 所示。

（3）人脸识别门禁系统：用户通过人脸识别来开启门禁系统，人脸识别门禁系统通常使用摄像头进行识别。用户在识别区域内站立，摄像头将读取用户的面部信息，并与数据库中的信息进行比对，如果匹配则门禁系统开启，如图 4 - 26 所示。

 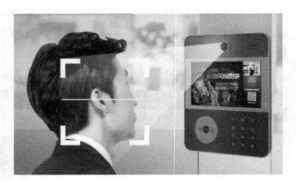

图 4 - 25　指纹门禁系统　　　　　　　图 4 - 26　人脸识别门禁系统

3. 报警器

设备在监测到异常情况时，会发出声音或光闪等警报信号，提醒人们注意。

4. 红外线传感器

可以检测到房间内的热量变化，判断是否有人进入。

5. 环境监测器

可以检测房间内外的温度、湿度、空气质量等参数，并通过控制系统进行调节。

6. 智能分析软件

用于对监控视频进行实时处理和分析，以便快速准确地检测和识别异常情况。

7. 控制中心

可以对所有设备进行集中控制和管理，实现联动控制和智能化管理。

8. 数据存储和管理

用于存储和管理监控数据和日志。

四、　智能化绿化系统

通过植物生长监测、自动浇水、自动施肥等技术手段，实现植物的自动化和智能化管理。比如，可以使用植物生长监测系统来实时监测植物的生长状态，调节浇水和施肥的量，以达到节约能源和提高植物生长质量的目的（图 4 - 27）。建筑智能化技术的应用范围很广，还包括智能化电梯、智能化垃圾分类等等。这些技术的应用不仅可以提高建筑物的智能化水平，还能够有效地实现能源节约和环境保护的目标。

图 4-27　智能绿化系统

任务四　绿色屋顶及外围护结构技术

任务导入

绿色建筑的屋顶和外围护结构是建筑物与外界环境之间的重要接口，对能源利用、室内舒适性和环境保护都有着重要影响。绿色屋顶及外围护结构技术的应用可以减少能源消耗，改善室内环境质量，提高建筑的可持续性。本任务将介绍绿色建筑中常用的绿色屋顶及外围护结构技术，包括绿色屋顶、外墙保温技术、太阳能利用技术等。

任务目标

通过学习本任务内容，读者将了解每种技术的原理和应用，并能够在实际项目中选择和应用适当的绿色屋顶及外围护结构技术，以实现绿色建筑的能源节约和环境保护的目标。同时，读者还将了解到通过采用绿色屋顶及外围护结构技术所带来的舒适性和能源效益，从而更加促进屋顶及外围护结构技术的发展。

一、绿色屋顶

绿色屋顶是指在建筑屋顶上种植植物，形成一层绿色植物覆盖的屋顶。绿色屋顶可以分为多种类型，包括混合型绿色屋顶、薄层绿色屋顶、深层绿色屋顶、集水型绿色屋顶和光伏绿色屋顶等。绿色屋顶不仅可以增加城市绿化面积，还可以起到保温隔热、减少雨水排放、提高建筑能源利用效率等多种作用，是绿色建筑中不可或缺的一部分。绿色屋顶技术的应用可以带来多种环境和经济效益，同时也是可持续城市发展的重要组成部分。绿色建筑的绿色屋顶技术主要有以下几种。

1. 混合型绿色屋顶

混合型绿色屋顶是指将浅层土壤和浅根植物与深层土壤和深根植物混合在一起，形成一层植物覆盖的屋顶。混合型绿色屋顶的特点是，可以增加屋顶绿化面积，同时增加植物生存的空间，如图 4-28 所示。

图 4-28 混合型绿色屋顶

其具体施工方法如下（图 4-29）：

植被层
种植土层
过滤层
排蓄水层
保护层
找坡层(2%)
隔离层
耐根穿刺防水层
普通防水层
找平层
顶板结构层

图 4-29 混合型绿色屋顶构造示意图

（1）屋面基础施工：首先对屋顶进行基层清理，清除杂草、石块、垃圾等杂物，保证屋顶表面平整度和洁净。再通过屋顶承重能力计算及设计后，对其进行加固处理，保证屋顶有足够的承载能力，承受上覆土层和植物的重量。

（2）防水层铺设：在屋顶加固处理后，需要进行防水层的设置。一般采用高分子防水卷材（改性沥青 SBS 等）、涂料（聚氨酯防水涂料等）等材料进行防水处理，也可以配备疏水板来确保多余的水分能够迅速排走，避免土壤过湿引起植物根系的病害。确保屋顶不会因为屋顶植物的生长、灌溉等导致漏水，影响安全及使用。

（3）上覆土层铺设：在防水层上铺设经过计算和设计厚度的土壤，深度一般为 10～30cm，具体深度及土的粒径、种类、级配等，土壤需要具备良好的保水和排水能力，选择混合有机质的营养土或特殊的屋面花土，保证植物的正常生长，应根据不同的植物类型和生长需求进行调配。土层应尽量平整，下部确保水分可以均匀地渗透到土层中。

（4）植物种植：在土层上种植适宜的浅根植物和深根植物，一般根据植物高度和生长速度进行植物组合，确保绿色屋顶的整体美观和协调。种植过程中需要注意植物根系的保护，避免损伤植物根系。

（5）养护管理：完成植物种植后，需要进行养护管理工作，包括浇水、施肥、除草、修剪等，确保绿色屋顶的正常生长和健康发展。

2. 薄层绿色屋顶

薄层绿色屋顶指在屋顶上铺设一层较薄的土壤，一般为 10～20cm，种植一些耐旱、耐寒、抗风、抗逆性强的浅根植物。薄层绿色屋顶的特点是，适用于建筑结构承重能力较低的房屋，可以减少建筑物的冷热损失。

3. 深层绿色屋顶

深层绿色屋顶是指在屋顶上铺设一层较厚的土壤，一般为 30～60cm，种植一些深根植物和灌木。深层绿色屋顶的特点是，适用于建筑结构承重能力较高的房屋，可以种植更多种类的植物，同时还能够起到保温隔热的作用。屋顶所覆盖土壤深度参考指标如图 4-30 所示。

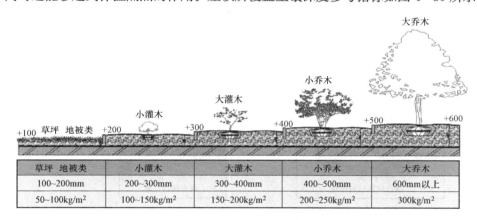

草坪　地被类	小灌木	大灌木	小乔木	大乔木
100~200mm	200~300mm	300~400mm	400~500mm	600mm以上
50~100kg/m²	100~150kg/m²	150~200kg/m²	200~250kg/m²	300kg/m²

图 4-30　屋顶植被种植覆土与荷载参考

土层厚度决定种植植被类型，草坪所需土层厚度 100～200mm，矮灌木需 300mm，大灌木需要 300～400mm（图 4-31），大乔木需要土层 600 mm 以上（图 4-32）。土层厚度不能少于 100mm，土层太薄，缺乏保水能力，故难以维护。

图 4-31　常见灌木

图 4-32　常见乔木

注： 灌木指那些没有明显的主干、呈丛生状态比较矮小的树木，一般可分为观花、观果、观枝干等几类，矮小而丛生的木本植物。是多年生。一般为阔叶植物，也有一些针叶植物是灌木。

乔木，是指树身高大的树木，由根部发生独立的主干，树干和树冠有明显区分。有一个直立主干，且通常高达六米至数十米的木本植物称为乔木。

4. 集水型绿色屋顶

集水型绿色屋顶是指在屋顶上铺设一层特殊的集水层，将雨水收集起来，再用来浇灌植物。集水型绿色屋顶的特点是，可以减少城市雨水排放，节约用水，同时还能够起到保温隔热的作用。图4-33为集水型绿色屋顶工作原理流程示意图，集水型绿色屋顶雨水收集流程示意图4-34所示。

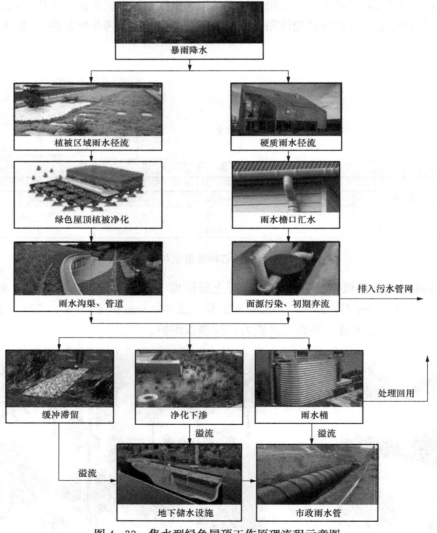

图4-33 集水型绿色屋顶工作原理流程示意图

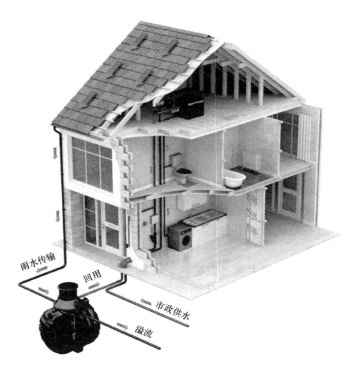

坡屋顶雨水收集结构：
1.屋檐排水槽
坡屋顶雨水收集应在屋檐处设置屋檐排水槽，利用坡度收集屋顶雨水径流。排水槽最好具备一定的固体截留功能，截留屋顶落叶及大颗粒污染物。

2.入水口
雨水收集槽经入水口流进雨水管，独特的滤网设计能够过滤固体污染物。

3.初期弃流
收集降雨过程前10min的初期雨水，通过弃流装置排放至市政管道。避免屋顶灰尘、初期雨水污染物过度污染雨水箱。

4.雨水存储箱/桶
有效收集存储干净雨水，根据当地降雨数据和建筑屋顶面积，设置雨水箱容量体积。

5.出水口
缓解屋顶雨水冲击地面的重力势能，出水口设置雨水缓冲渠。能够净化与下渗雨水，也可以直接输送到旁边的海绵设施。

图4-34　集水型绿色屋顶雨水收集流程示意图

5.光伏绿色屋顶

光伏绿色屋顶是指在屋顶上铺设太阳能电池板，利用太阳能发电，同时种植一些植物，形成绿色屋顶。光伏绿色屋顶的特点是，可以减少建筑能耗，提高建筑能源利用效率。总之，不同类型的绿色屋顶技术适用于不同的建筑结构和环境条件，可以根据实际情况选择合适的种植方式。光伏绿色屋顶具体施工与混合型大致相同，区别就是增加了屋面太阳能板的安装，故不再赘述，如图4-35、图4-36所示。

图4-35　绿色屋顶光伏板施工

图4-36　光伏绿色屋顶

注：　光伏发电是根据光生伏特效应原理，利用太阳电池将太阳光能直接转化为电能。不论是独立使用还是并网发电，光伏发电系统主要由太阳电池板（组件）、支架和跟踪机构、逆变器电池组、线路和保护设备和监控系统等几部分组成。

二、 围护结构绿色施工技术

围护结构绿色施工技术主要包括墙体及屋面保温、门窗技术、幕墙结构、遮阳技术等。

（一）墙体及屋面保温技术

墙体及屋面保温技术是指在建筑围护结构中，采用一定的保温材料和施工方法，对建筑物的外墙和屋面进行保温，以提高建筑物的隔热性能和节能性能。具体措施包括：

选择低导热系数的保温材料，如聚苯板、岩棉板、聚氨酯发泡胶、发泡混凝土等；采用外挂式保温、内保温、自保温等施工方法；在保温材料表面加装保护层，如涂料、瓷砖等。

1.墙体及屋面常用保温材料

保温隔热材料按化学成分可分为有机和无机两大类；按材料的构造可分为纤维状、松散粒状和多孔状三种。通常可制成板、片、卷材或管壳等多种型式的制品。一般来说，无机保温隔热材料的表观密度较大，但不易腐朽，不会燃烧，有的能耐高温。有机保温隔热材料质量轻，绝热性能好，但耐热性较差。

（1）纤维状保温隔热材料。这类材料主要是以矿棉、石棉、玻璃棉及植物纤维等为主要原料，制成板、筒、毡等形状的制品，广泛用于住宅建筑和热工设备、管道等的保温隔热。这类保温隔热材料通常也是良好的吸声材料。

1）石棉及其制品。石棉是一种天然矿物纤维，主要化学成分是含水硅酸镁，具有耐火、耐热、耐酸碱、绝热、防腐、隔音及绝缘等特性。常制成石棉粉、石棉纸板、石棉毡等制品。由于石棉中的粉尘对人体有害，因此民用建筑中已很少使用，目前主要用于工业建筑的隔热、保温及防火覆盖等。

2）矿棉及其制品。矿棉一般包括矿渣棉和岩石棉。矿渣棉所用原料有高炉硬矿渣、铜矿渣等，并加一些调节原料（钙质和硅质原料）（图4-37）；岩石棉的主要原料为天然岩石（白云石、花岗石或玄武岩等）（图4-38）。上述原料经熔融后，用喷吹法或离心法制成细纤维。矿棉具有轻质、不燃、绝热和绝缘等性能，且原料来源广，成本较低。可制成矿棉板、矿棉毡及管壳等。可用作建筑物的墙壁、屋顶、天花板等处的保温隔热和吸声材料，以及热力管道的保温材料。

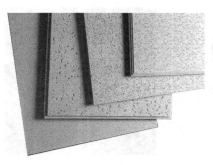

图4-37　矿棉板（保温吸声）

图4-38　岩棉板（保温吸声）

注：矿棉、岩棉均为A级防火材料，只是吸湿性影响其保温效果。

3）玻璃棉及其制品。玻璃棉是用玻璃原料或碎玻璃经熔融后制成的纤维材料，包括短棉和超细棉两种。可制成沥青玻璃棉毡、板及酚醛玻璃棉毡、板等制品，广泛用在温度较低的热力设备和房屋建筑中的保温隔热，同时它还是良好的吸声材料。

4）植物纤维复合板。植物纤维复合板是以植物纤维为主要材料加入胶结料和填加料而制成。可用于墙体、地板、顶棚等，也可用于冷藏库、包装箱等。木质纤维板是以木材下脚料经机械制成木丝，加入硅酸钠溶液及普通硅酸盐水泥，经搅拌、成型、冷压、养护、干燥而制成。甘蔗板是以甘蔗渣为原料，经过蒸制、加压、干燥等工序制成的一种轻质、吸声、保温、绝热的材料。

5）陶瓷纤维绝热制品。陶瓷纤维是以氧化硅、氧化铝为主要原料，经高温熔融、蒸汽（或压缩空气）喷吹或离心喷吹（或溶液纺丝再经烧结）而制成，可加工成纸、绳、带、毯、毡等制品，供高温绝热或吸声之用。

（2）散粒状保温隔热材料。

1）膨胀蛭石及其制品。蛭石是一种天然矿物，经 850～1000℃ 煅烧，体积急剧膨胀，单颗粒体积能膨胀约 20 倍。膨胀蛭石的主要特性是：表观密度为 80～900kg/m³，导热系数为 0.046～0.070W/（m·K），可在 1000～1100℃ 温度下使用，不蛀、不腐，但吸水性较大。膨胀蛭石可以呈松散状铺设于墙壁、楼板、屋面等夹层中，作为绝热、隔声之用。使用时应注意防潮，以免吸水后影响绝热效果。

注：膨胀蛭石、膨胀珍珠岩均因为体积膨胀所以成为多孔材料，保温、吸声性增强。

膨胀蛭石也可与水泥、水玻璃等胶凝材料配合，浇制成板，用于墙、楼板和屋面板等构件的绝热。其水泥制品通常用 10%～15% 体积的水泥，85%～90% 体积的膨胀蛭石，适量的水经拌和、成型、养护而成。其制品的表观密度为 300～550kg/m³，相应的导热系数为 0.08～0.10W/（m·K），抗压强度为 0.2～1.0MPa，耐热温度为 600℃。水玻璃膨胀蛭石制品是以膨胀蛭石、水玻璃和适量氟硅酸钠配制而成，其表观密度为 300～550 kg/m³，相应的导热系数为 0.079～0.084W/（m·K），抗压强度为 0.35～0.65MPa，最高耐热温度为 900℃。（图 4-39）

2）膨胀珍珠岩及其制品。膨胀珍珠岩是由天然珍珠岩煅烧而成的，呈蜂窝泡沫状的白色或灰白色颗粒，是一种高效能的保温隔热材料。其堆积密度为 40～500kg/m³，导热系数为 0.047～0.070W/（m·K），最高使用温度可达 800℃，最低使用温度为 −200℃。具有吸湿性差、无毒、不燃、抗菌、耐腐、施工方便等特点。建筑上广泛用作围护结构、低温及超低温保冷设备、热工设备等的绝热保温材料，也可用于制作吸声制品（图 4-40）。

图 4-39 膨胀蛭石

图 4-40 膨胀珍珠岩

（3）无机多孔性板块保温隔热材料。

1）微孔硅酸钙制品。微孔硅酸钙制品是用粉状二氧化硅材料（硅藻土）、石灰、纤维增强材料及水等经搅拌、成型、蒸压处理和干燥等工序而制成。以托贝莫来石为主要水化产物的微孔硅酸钙表观密度约为 $200kg/m^3$，导热系数为 $0.047W/（m \cdot K）$，最高使用温度约为 $650℃$。以硬硅钙石为主要水化产物的微孔硅酸钙，其表观密度约为 $230kg/m^3$，导热系数为 $0.056W/（m \cdot K）$，最高使用温度可达 $1000℃$。用于围护结构及管道保温，效果较水泥膨胀珍珠岩和水泥膨胀蛭石为好。

2）泡沫玻璃。泡沫玻璃是由玻璃粉和发泡剂等经配料、烧制而成。气孔率为 $80\%\sim95\%$，气孔直径为 $0.1\sim5.0mm$，且大量为封闭而孤立的小气泡。其表观密度为 $150\sim600kg/m^3$，导热系数为 $0.058\sim0.128W/（m \cdot K）$，抗压强度为 $0.8\sim15.0MPa$。采用普通玻璃粉制成的泡沫玻璃最高使用温度为 $300\sim400℃$，若用无碱玻璃粉生产时，则最高使用温度可达 $800\sim1000℃$，耐久性好，易加工，可用于多种绝热需要。

3）泡沫混凝土。是由水泥、水、松香泡沫剂混合后，经搅拌、成型、养护而制成的一种多孔、轻质、保温、绝热、吸声的材料。也可用粉煤灰、石灰、石膏和泡沫剂制成粉煤灰泡沫混凝土。泡沫混凝土的表观密度为 $300\sim500kg/m^3$，导热系数为 $0.082\sim0.186W/（m \cdot K）$。

4）加气混凝土。加气混凝土是由水泥、石灰、粉煤灰和发泡剂（铝粉）配制而成。是一种保温绝热性能良好的轻质材料。由于加气混凝土的表观密度小（$300\sim800kg/m^3$），导热系数 $[0.15\sim0.22W/（m \cdot K）]$ 要比烧结普通砖小，因而 24cm 厚的加气混凝土墙体，其保温绝热效果优于 37cm 厚的砖墙。此外，加气混凝土的耐火性能良好。

5）硅藻土。由水生硅藻类生物的残骸堆积而成。其孔隙率为 $50\%\sim80\%$，导热系数为 $0.060W/（m \cdot K）$，具有很好的绝热性能。最高使用温度可达 $900℃$。可用作填充料或制成制品。

（4）泡沫塑料。泡沫塑料是以各种树脂为基料，加入一定剂量的发泡剂、催化剂、稳定剂等辅助材料，经加热发泡而制成的一种具有轻质、保温、绝热、吸声、抗震性能的材料。

1）聚氨酯泡沫塑料（PUR）。是把含有羟基的聚醚或聚酯树脂与异氰酸酯反应构成聚氨酯主体，并由异氰酸酯与水反应生成的二氧化碳或用发泡剂发泡而得到的内部具有无数小气孔的材料，可分为软质、半硬质和硬质三类。其中硬质聚氨酯泡沫塑料表观密度为 $24\sim80kg/m^3$，导热系数为 $0.017\sim0.027W/（m \cdot K）$，在建筑工程上较为常用。如图 4-41 和图 4-42 所示。

图 4-41　聚氨酯泡沫板　　　　图 4-42　聚氨酯泡沫施工

注：　聚氨酯泡沫具有良好的保温性和可塑性，适合现场发泡，但是防火性能较差，属易燃材料。

2）聚苯乙烯泡沫塑料。是以聚苯乙烯树脂为基料，加入发泡剂等辅助材料，经热发泡而形成的轻质材料，按成型工艺不同，可分为模塑型（EPS）和挤塑型（XPS）。

EPS 自重轻，表观密度在 $15\sim60$ kg/m³，导热系数一般小于 0.041W/（m·K），且价格适中，已成为目前使用最广泛的保温隔热材料。但是其体积吸水率大，受潮后导热系数明显增加，而且 EPS 的耐热性能较差，其长期使用温度应低于 $75℃$。经挤塑成型后，XPS 的孔隙呈微小封闭结构，因此具有强度较高、压缩性能好、导热系数更小 [常温下导热系数一般小于 0.027W/（m·K）]，吸水率低、水蒸气渗透系数小的特点，长期在高湿度或浸水环境中使用，XPS 仍能保持优良的保温性能，如图 4-43 和图 4-44 所示。

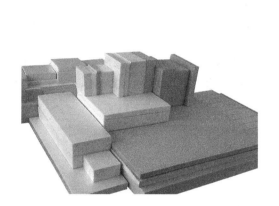

图 4-43　XPS 泡沫板

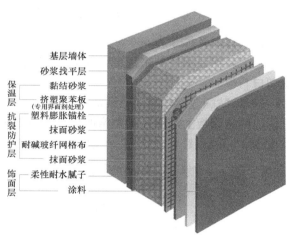

图 4-44　XPS 泡沫板构造图

注：　XPS 强度大于 EPS，保温效果更好，价格更高，但脆性也增大，伸缩性降低。

此外，还有聚乙烯泡沫塑料（PE）、酚醛泡沫塑料（PF）等。该类保温隔热材料可用于各种复合墙板及屋面板的夹芯层、冷藏及包装等绝热需要。由于这类材料造价高，且具有可燃性，因此目前应用上受到一定限制。今后随着这类材料性能的改善，将向着高效、多功能方向发展。

2. 外围护结构保温材料施工工艺

外围护结构保温材料施工主要有 XPS、EPS、挤塑聚苯板、聚氨酯喷涂、胶粉聚苯颗粒、CL 结构体系、发泡混凝土墙板、膜结构体系等。

（1）挤塑聚苯板施工。挤塑聚苯板外围护保温结构主要工艺流程如下：

基层处理 ⇒ 配置挤塑板黏结剂 ⇒ 特殊部位翻包玻纤网 ⇒ 黏结挤塑板 ⇒ 贴玻璃纤维网 ⇒ 钻孔，膨胀螺栓锚固 ⇒ 挤塑板表面修整 ⇒ 配制弹性聚合物砂浆 ⇒ 抹弹性聚合物砂浆（第一遍） ⇒ 抹弹性聚合物砂浆（第二遍） ⇒ 补洞及修整 ⇒ 填密封材料 ⇒ 外饰面施工。

挤塑聚苯板施工工艺要点：

1）基层处理。清理墙面、修补裂缝、刮平砂浆等，确保墙面平整、牢固、无松动、无油污、无浮灰。

2）弹线。根据建筑立面设计和外墙保温技术要求，在墙面弹出外门窗水平、垂直控制线及伸缩缝线、装饰缝线等。

3）挂基准线。在建筑外墙大角（阳角、阴角）及其他必要处挂垂直基准钢线，每个楼层适当位置挂水平线，以控制保温板的垂直度和平整度。

4）聚合物改性黏结剂的配制。将一定量黏结剂与粉剂黏结砂浆搅拌，水灰比1：0.3；充分搅拌0～8min，直到搅拌均匀，稠度适中，放置8～10min塑化；使用时，再搅拌一下即可使用。

> 注：搅拌要充分，黏度确保刚粘贴上的挤塑板不下垂。注意调好的黏结剂宜在1.5～4h内用完；工作完毕，务必及时清洗干净工具。

保温板标准尺寸为600mm×1200mm，对角线误差小于2mm。非标准板按照实际需要尺寸加工，保温板切割采用电热丝切割器或工具刀切割，尺寸允许偏差±1.5mm，必须注意切口与板面垂直。

5）粘贴翻包钢丝网（或网格布）。凡在粘贴的挤塑板侧边外露处，如膨胀缝两侧、门窗孔洞边的挤塑板上需预先粘贴窄幅钢丝网（或网格布）翻边，其宽度约200mm，翻包部分宽度为80mm，图4-45、图4-46所示。

 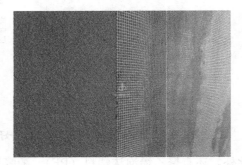

图4-45 挤塑聚苯板粘贴施工　　　　图4-46 挤塑聚苯板挂玻纤网

> 注：玻纤网要夹在抹面层中间，即先把底面抹匀再挂玻纤网，再抹一遍砂浆。抹面层保护保温层并起着防裂防水抗冲击和一定防火作用。室外温差变化较大，不同材料之间的膨胀系数不同，导致抹面层容易出现裂缝，纤维加强网是外墙保温工程中的关键中的关键，也是防止涂料层开裂的基础。

6）保温板粘贴。抹好胶的保温板立即粘贴到墙面上，动作迅速，以防胶料结皮而影响黏结效果。保温板粘贴在墙上后，立即使用2m靠尺轻轻敲打、挤压板面，以保证板面平整度符合要求且黏结牢固。每粘贴完一块板，应及时清除干净板侧挤出的黏结料，板与板间不留间隙。若因保温板面不方正或切割不直形成的缝隙，应用保温板条塞实并抹平。

保温板应水平粘贴，保证连续结合，且上下两排保温应竖向错缝板长1/2。一般先从墙拐角（阳角）处粘贴，应先排好尺寸切割保温板，使其粘贴时垂直交错连接，确保拐角处顺垂直交错垂直。在粘贴窗框四周的阳角和外墙阳角时，应先弹好基准线，作为控制阳角上下垂直的依据。直接铺贴玻璃纤维网，并用锚固钉固定。

7）安装机械固定件，辅助固定。待保温板黏结牢固，自然养护24h后则可进行安装固定件，按照设计要求的位置使用冲击钻钻孔，孔径视锚固件直径而定，锚固深度为基层内不低于25mm，钻孔深度根据使用的保温板厚度采用相应长度的钻头。挤塑聚苯板机械固定原理如图4-47所示。

固定件具体分布数量：平均6个/m²，任何面积大于0.1m²的单块必须加固定件，数量视形状及现场情况而定，对于小于0.1m²的单块保温板应根据现场实际情况决定是否加固定件，如图4-48所示。

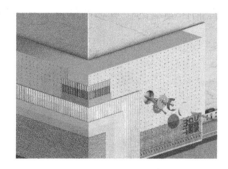

图4-47　挤塑聚苯板机械固定原理

图4-48　挤塑聚苯板固定后效果

8）打磨。在保温板接缝处观察到不平整区域，应用平整的粗砂纸打磨处理。打磨以动作轻柔的圆周运动进行，不可沿与保温板接缝平行方向打磨。打磨后应用毛刷或压缩空气将打磨操作产生的碎屑及其他浮尘清理干净。

9）涂饰面层。在腻子干燥后，进行面层涂饰，一般采用外墙涂料、石材等材料进行装饰。需要注意的是，在施工过程中应注意保护墙面和挤塑聚苯板，防止板材碰撞、压坏和变形，同时应按照设计和规范要求进行施工，确保工程质量和安全。

（2）CL结构体系。CL结构体系是一种新型复合墙建筑结构体系，同其他结构相比，具有环保、节能（不用黏土砖）、抗震、自重轻、工业化生产等特点。CL结构体系的材料组成是CL网架板做主要承重构件的骨架（偏居中放置，两侧浇筑混凝土），以高压高强石膏板作为施工浇筑混凝土的永久性模板（替代了钢模板和抹灰层）；同时，内隔墙采用高压高强石膏空心砌块砌筑而成。

CL建筑结构体系是一种由复合式外墙板、复合式承重墙板、复合式楼板（或普通楼板）、轻骨料混凝土内隔板组成的全新结构体系。它是集建筑结构与保温功能为一体的新型复合钢筋混凝土剪力墙结构体系。CL建筑体系不仅可以达到国家规定的节能技术标准要求，还解决了目前普遍采用外墙粘贴、外挂保温层技术产生的易裂缝、空鼓、渗漏、脱落等隐患，并集保温、抗震、环保、施工周期短、技术成熟先进、造价低等众多优点于一身，适用于城镇各种形式的住宅建设。

1）CL结构体系主要工艺流程如下：

现浇±0.00以下混凝土（按照节点要求预留好连接锚筋）　⟹　①CL网架板进场并复试　⟹　②暗柱、剪力墙钢筋绑扎　⟹　③网架板安装就位　⟹　④绑扎CL复合墙板边缘构件及预埋钢筋 ➡ ⑤CL复合墙体模板支设 ➡ ⑥CL复合墙体、边缘构件、暗柱、剪力墙混凝土浇筑 ➡ ⑦支设顶板、梁模板（同时拆除墙体模板）➡ ⑧绑扎梁板钢筋 ➡ ⑨浇筑梁板混凝土 ➡ ⑩混凝土养护 ➡ 逐层依此程序进行施工。

2）CL结构体系施工要点如下：

①CL网架板的订购、入场验收提前按设计要求规格到授权生产单位订购，按规定程序及标准验收。网架板进场先检查产品合格证和出厂质量检验报告、原材料产品合格证及取样检验报告等质量证明文件。

采用CL复合墙两侧混凝土同时浇筑的工艺时，应在CL网架板两侧浇筑一定数量的塑料成品垫块（图4-49和图4-50），方便快捷，不足之处为塑料垫块容易变形，造成苯板两侧混凝土厚度薄厚不一，垫块必须放置均匀密集以控制保温层的位置和两侧混凝土的厚度。

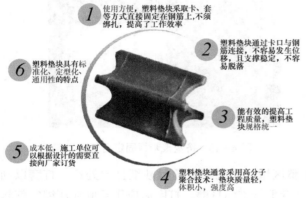

图4-49 塑料垫块

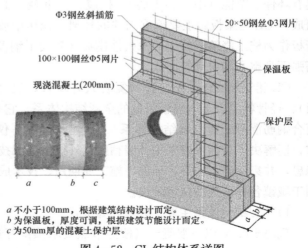

图4-50 各种类型塑料垫块

注：塑料垫块设置的目的是保证混凝土保护层厚度，使得钢筋不外露，不腐蚀。

②柱、剪力墙钢筋绑扎。钢筋工程CL结构体系钢筋工程控制的重点在于暗柱、CL墙锚筋钢筋的定位及由于薄壁现浇侧柱、梁、墙板交叉穿筋处的构件钢筋截面保证，见图4-51和图4-52。

图4-51 CL结构体系钢筋完成图

图4-52 CL结构体系详图

Φ3钢丝斜插筋
50×50钢丝Φ3网片
100×100钢丝Φ5网片
现浇混凝土(200mm)
保温板
保护层

a 不小于100mm，根据建筑结构设计而定。
b 为保温板，厚度可调，根据建筑节能设计而定。
c 为50mm厚的混凝土保护层。

③网架板安装就位。暗柱、剪力墙钢筋调整，用塔吊吊装将 CL 网架板按照放样要求进行就位、校正。将吊运就位后的网架板甩出的锚固钢筋调整。把 CL 网架板的甩筋锚入暗柱或剪力墙内，按照设计要求调整甩筋，并将甩筋与暗柱或剪力墙钢筋绑扎固定。

④绑扎预埋钢筋及 CL 复合墙板边缘构件。在对应 CL 复合墙位置处，混凝土浇筑前，按设计要求的规格、长度、间距绑扎锚筋。按设计要求，将 CL 网架板用锚筋与周边边缘构件（梁、柱）绑扎连接。

⑤CL 复合墙体模板支设。由于 CL 剪力墙体采用自密实混凝土浇筑，对于墙体模板缝隙要求较高，板缝、底部缝隙必须处理细致，尤其底部缝隙必须采用高标号砂浆提前腻缝，墙体模板采用木模板拼装成墙体大模板，组装时用 50mm×100mm 方木做背楞，方木间净距 200mm，拼缝处加海绵条封浆，所有阴阳角处及模板拼缝处均加方木加固。模板表面必须平整光滑，脱模剂涂刷均匀并不流坠。

> 注：　混凝土支模施工要求根据模板情况和结构的形式进行必要的调整，避免出现变形，影响最终的效果。

⑥CL 复合剪力墙中因钢筋密集，混凝土截面很小，不便采用普通混凝土进行浇筑，也无法采用振捣器进行插入式振捣。因此应采用设计强度等级的自密性高性能混凝土进行浇筑。该自密性混凝土要求坍落度：260~280mm、扩展度：600~750mm，且和易性良好，无泌水、离析现象。粗骨料最大粒径不应大于 10mm。

CL 复合剪力墙中的自密性混凝土浇筑时应两边同时进行，不能侧重于一边，以防止 CL 网架板中保温板因两侧混凝土高差产生的侧压力而导致偏移或变形。自密性混凝土适合于泵送，用吊斗浇筑时，应使出料口和模板入口距离尽量小，必要时可加串筒或溜槽，以免产生离析。浇筑时，应及时观测两侧混凝土面高差，并应控制在 400mm 以内。

因 CL 墙板较薄侧混凝土截面较小，混凝土浇筑速度太快时容易出现流淌不及时产生的堵塞现象。因此在混凝土浇筑时应控制混凝土的浇筑速度，适当增设浇筑点。当采用泵送混凝土时，应先将混凝土卸在溜槽上，再使其流淌到模板中，从而减少因巨大的落差产生的惯性对 CL 网架板的冲击力和扩大浇筑点以利于混凝土填充。

自密性混凝土为了达到表面光洁的目的，可以实行模板外的辅助振动。一般采用皮锤、小型平板振动器或振捣棒随着混凝土的浇筑从下往上振动，在钢筋构造复杂的暗柱或复合剪力墙中部，可在浇筑时采用螺纹钢筋进行适量插捣，插捣时不得触及 CL 钢网架板的斜插筋。

⑦自密实混凝土浇筑完毕后，应及时加以覆盖防止水分散失，并在终凝后立即洒水养护，洒水养护时间不得少于 7d，以防止混凝土出现干缩裂缝。冬季浇筑的混凝土初凝后，应及时用塑料薄膜覆盖，防止水分蒸发，塑料薄膜上应覆盖保温材料。模板应在混凝土达到规定强度后方可拆除，拆除模板后应在混凝土表面涂刷养护剂进行养护。

（3）膜结构。膜结构是 20 世纪中期发展起来的一种新型建筑结构形式，是由多种高强薄膜材料（PVC 或 Teflon）及加强构件（钢架、钢柱或钢索）通过一定方式使其内部产生一定的预张应力以形成某种空间形状，作为覆盖结构，并能承受一定的外荷载作用的一种空间结构形式。膜结构可分为充气膜结构和张拉膜结构两大类。充气膜结构是靠室内不断充气，使室内外产生一定压力差（一般在 10～30mm 水柱），室内外的压力差使屋盖膜受到一定的向上的浮力，从而实现较大的跨度。张拉膜结构则通过柱及钢架支承或钢索张拉成型，其造型非常优美灵活。

1）材质：膜结构所用膜材料由基布和涂层两部分组成。基布主要采用聚酯纤维和玻璃纤维材料；涂层材料主要聚氯乙烯和聚四氟乙烯。常用膜材为聚酯纤维附聚氯乙烯（PVC）和玻璃纤维附聚四氟乙烯。PVC 材料的主要特点是强度低、弹性大、易老化、徐变大、自洁性差，但价格便宜，容易加工制作，色彩丰富，抗折叠性能好。为改善其性能，可在其表面涂一层聚四氟乙烯涂层，提高其抗老化和自洁能力，其寿命可达到 15 年左右。特氟龙材料强度高、弹性模量大、自洁、耐久、耐火等性能好，但它价格较贵，不易折叠，对裁剪制作精度要求较高，寿命一般在 30 年以上，适用于永久建筑。

PTFE 膜（聚四氟乙烯涂层覆盖玻璃纤维织物）：PTFE 膜材是在超细玻璃纤维织物上涂以聚四氟乙烯树脂而成的材料，颜色多为白色。这种膜材有较好的焊接性能，有优良的抗紫外线、抗老化性能和阻燃性能。另外，其防污自洁性是所有建筑膜材中最好的，但柔韧性差，施工较困难，成本也十分惊人。在盖格公司领导下，美国的杜邦公司、康宁玻纤公司、贝尔德建筑公司、化纤织布公司共同开发永久性膜材。其加工方法是把玻纤织物多次快速放入特氟龙熔体中，使织物两面皆有均匀的特氟龙涂层，使永久性的 PTFE 膜正式诞生。此后永久性膜结构正式在美国风行，许多学者对膜结构进行了深入的研究。20 年后跟踪检测结果表明，这种膜材的力学性能与化学稳定性指标只下降了 20%～30%，颜色也几乎没变，膜的表层光滑，具有弹性，大气中的灰尘、化学物质微粒极难附着与渗透，经雨水冲刷建筑膜可恢复其原有的清洁面层与透光性，这足以显示出 PTFE 膜材料的强大生命力和广阔的市场前景。目前国外对这种膜材料的开发和应用比较成熟，生产厂家也很多，如德国 Mehler 公司、Verseidag 公司，日本 Taiyoko-gyo 公司、中兴化成工业株式会社、美国 Chemfab 公司、沙特阿拉伯 ObeiKan 公司等。

ETFE 膜（聚四氟乙烯）：由 ETFE（乙烯－四氟乙烯共聚物）生料直接制成。ETFE 不仅具有优良的抗冲击性能、电性能、热稳定性和耐化学腐蚀性，而且机械强度高，加工性能好。近年来，ETFE 膜材料的应用在很多方面可以取代其他产品而表现出强大的优势和市场前景。这种膜材透光性特别好，号称"软玻璃"，质量轻，只有同等大小玻璃的 1%；韧性好、抗拉强度高、不易被撕裂，延展性大于 400%；耐候性和耐化学腐蚀性强，熔融温度高达 200℃；可有效地利用自然光，节约能源；良好的声学性能。自清洁功能使表面不易沾污，且雨水冲刷即可带走沾污的少量污物，清洁周期大约为 5 年。另外，ETFE 膜可以预制成薄膜气泡，方便施工和维修。ETFE 也有不足，如外界环境容易损坏材料而造成漏气，维护费用高等，但是随着大型体育馆、游客场所、候机大厅等的建设，ETFE 更突显自己的优势。

2）膜结构特点：用于膜结构中的高强度柔韧薄膜称膜材，它是一种耐久用、高强度的涂层织物，由织物和涂层复合而成，具有质地柔韧、厚度小、重量轻、透光性好的特点。对自然光吸收和透射能力、阻燃，具有良好的耐久、防火、气密等特性；表面经过氟素处理或二氧化钛处理的膜材料抗老化性能好，具有较高的自清洁性能，如图 4-53 和图 4-54 所示。

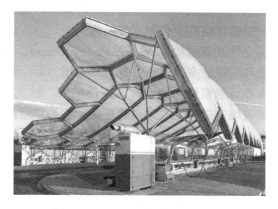

图 4-53　膜结构建筑　　　　　　图 4-54　ETFE 膜结构充电车棚

①建筑造型优美。膜结构建筑是 21 世纪最具代表性与充满前途的建筑形式。它打破了纯直线建筑风格的模式，以其独有的优美曲面造型、简洁、明快、刚与柔、力与美的完美组合，呈现给人以耳目一新的感觉，同时给建筑设计师提供了更大的想象和创造空间。

②具有良好的环保性、透光性、自清洁性，膜材表面采用 PVDF（聚偏二氟乙烯）涂层、或二氧化钛涂层，具有较好的隔热效果，对太阳热能可反射掉 70%，膜材本身吸收了 17%，传热 13%，而透光率却在 20% 以上，经过 10 年的太阳光直接照射，其辉度仍能保留 70%。

③适合覆盖大跨度空间。膜结构中所使用的膜材料每 m^2 重量为 1kg 左右，由于自重轻，加上钢索、钢结构高强度材料的采用，与受力体系简洁合理，力大部分以轴力传递，故使膜结构适合跨越大空间而形成开阔的无柱大跨度结构体系。

④防火性与抗震性。膜结构建筑所采用的膜材具有卓越的阻燃性和耐高温性，故能很好地满足防火要求。由于结构自重轻，又为柔性结构且有较大变形能力，故抗震性能好。

⑤工期短：将膜裁剪后拼合成型，钢结构骨架、钢索均在工厂加工制作，现场只需组装，施工简便，故施工周期比传统建筑短。

3）膜结构体系：膜结构体系由膜面、边索和脊索、谷索、支承结构、锚固系统，以及各部分之间的连接节点等组成。

膜结构按支承条件分类为：柔性支承结构体系、刚性支承结构体系、混合支承结构体系。

膜结构按结构形式不同可分为：骨骼式膜结构、张拉式膜结构、充气式膜结构。

4）膜结构建筑形式的分类：从结构上分可分为：骨架式膜结构，张拉式膜结构，充气式膜结构 3 种形式。

①骨架式膜结构（Frame Supported Structure）。以钢构或是集成材构成的屋顶骨架，在其上方张拉膜材的构造形式，下部支撑结构安定性高，因屋顶造型比较单纯，开口部不易受限制，且经济效益高等特点，广泛适用于任何大，小规模的空间。

②张拉式膜结构（Tension Suspension Structure）。以膜材料、钢索及支柱组成，利用钢索与支柱在膜材中导入张力以达到稳定的形式。除了可实践具创意，创新且美观的造型外，也是最能展现膜结构精神的构造形式。近年来，大型跨距空间也多采用以钢索与压缩材

料构成钢索网架来支撑上部膜材的形式。因施工精度要求高，结构性能强，且具丰富的表现力，所以造价略高于骨架式膜结构。

③充气式膜结构（Pneumatic Structure）。充气式膜结构是将膜材固定于屋顶结构周边，利用送风系统让室内气压上升到一定压力后，使屋顶内外产生压力差，以抵抗外力，因利用气压支撑，钢索作为辅助，无需任何梁，柱支撑，可得更大的空间，施工快捷，经济效益高，但需维持进行 24h 送风机运转，在持续运行及机器维护费用的成本上较高。

现今，城市中已越来越多地可以见到膜结构的身影。膜结构已经被应用到各类建筑结构中，在我们的城市中充当着不可或缺的角色。

（二）门窗节能技术

门窗（幕墙）是建筑物热交换、热传导最活跃、最敏感的部位，其热损失是墙体的 5～6 倍，约占建筑围护结构能耗的 30%。门窗技术是指在建筑围护结构中，采用一定的材料和技术对门窗进行设计和施工，以提高门窗的隔热性能和节能性能。具体措施包括：采用传热系数低的材料，如中空玻璃、夹层玻璃等；采用密封设计，避免空气漏风；采用断热桥技术，减少传热。

对建筑物而言，环境中最大的热能是太阳辐射能，从节能的角度考虑．建筑玻璃应能控制太阳辐射，照射到玻璃上的太阳辐射一部分被玻璃吸收或反射，另一部分透过玻璃成为直接透过的能量。中空玻璃节能原理如图 4‑55 所示。

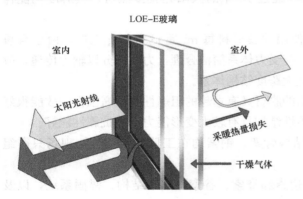

图 4‑55　玻璃节能原理

窗墙比是指建筑外墙中窗户面积与总外墙面积的比值。在设计建筑时，需要根据不同的建筑用途和环境要求确定合适的窗墙比。一般来说，窗墙比越大，建筑的采光、通风效果越好，但也会导致建筑的热损失增加，从而影响建筑的节能效果。因此，在确定窗墙比时，需要根据实际情况进行综合考虑。目前窗体面积大约为建筑面积的 1/4，围护结构面积的 1/6。单层玻璃外窗的能耗约占建筑物冬季采暖夏季空调降温能耗的 50% 以上。窗体对于室内负荷的影响主要是通过空气渗透、温差传热以及辐射热的途径造成的。根据窗体的能耗来源，可以通过相应的有效措施来达到节能的目的。

外窗的节能措施有：尽量减少门窗的窗墙比、选择适宜的窗型（平开窗、推拉窗、固定窗、悬窗）、增设门窗保温隔热层（空气隔热层、窗户框料、气密性）、注意玻璃的选材（吸热玻璃、反射玻璃、贴膜玻璃）、设置遮阳设施（外廊、阳台、挑檐、遮阳板、热反射窗帘）等。

（1）采用合理的窗墙面积比，控制建筑朝向。在兼顾一定的自然采光的基础之上，尽量减小窗墙面积比。一般对于夏季炎热、太阳辐射强度大的地区，东西向应尽量开小窗甚至不开窗；对于南面窗体则需要加强防太阳辐射的力度，北面窗体则应提高保温性能。

（2）选择高性能的窗框材料。在选择窗框材料时，需要考虑材料的隔热性能、结构刚性和耐久性等因素。常用的窗框材料有金属、塑料、木材等。其中，塑料窗框具有较好的隔热性能，而铝合金窗框则具有较好的结构刚性和耐久性。因此，在选择窗框材料时，需要根据实际情况综合考虑，选用具有较好隔热性能的窗框材料。

1）木门窗：主要材料是木材及人造板材，构造简单，价格根据其选材差异较大，隔热性能较差，易受潮、变形、腐蚀和虫蛀等问题，不太适用于湿润和潮湿的环境。

2）断桥隔热铝合金门窗：主要材料是铝合金，结构轻便，表面处理多样，抗氧化、抗腐蚀、抗风压性能较好，适用于高层建筑和别墅等场所，但隔热性能较差。

3）塑钢门窗：主要材料是PVC塑料，结构轻便，表面处理多样，隔热性能好，不易受潮、变形、腐蚀和虫蛀，价格较为经济实惠，但抗风压性能较差，热稳定性差。

4）复合门窗：采用多种材料复合制成，如铝木复合（图4-56）、塑钢铝复合、木塑复合等，综合性能较好，兼具木材的美观、质感，和铝合金、PVC塑料的隔热、防水、防腐等优点。

5）智能门窗：采用先进的智能控制技术和材料制作而成，可以实现远程控制和智能化管理，如智能感应门、智能防盗门等（图4-57）。

图4-56　铝木复合门窗　　　　　　　　图4-57　加装自动开窗器的智能窗

（3）选择高性能的玻璃。玻璃是门窗的重要组成部分，而普通的玻璃导热性能较差。因此，选择具有较好隔热性能的玻璃是非常重要的，包括中空玻璃、夹层玻璃、LOW－E玻璃、热反射玻璃、电致变色玻璃等。其中，LOW－E玻璃是一种具有较好隔热性能的玻璃，其表面镀有金属膜，具有很好的热反射性能，可以有效防止热量的散失。

> 注：LOW－E玻璃（低辐射玻璃）通常使用金属氧化物薄膜进行镀膜，常见的薄膜材料包括氧化锌、氧化锡、氮化钛和硅氧化物等。薄膜通常通过物理气相沉积（PVD）的方法镀在玻璃表面。该过程涉及将金属氧化物材料蒸发或溅射到玻璃表面，形成一层均匀的薄膜。在真空环境中，氧化物材料被加热或被击打，以产生蒸汽或离子，然后沉积在玻璃表面上。这样可以形成具有所需特性的薄膜，提高玻璃的隔热性和光学性能。

1）中空玻璃是由两层或多层平板玻璃构成。四周用高强高气密性复合黏结剂，将两片或多片玻璃与密封条、玻璃条粘接、密封。中间充入干燥气体，框内充以干燥剂，以保证玻璃片间空气的干燥度。可以根据要求选用各种不同性能的玻璃原片，如无色透明浮法玻璃压花玻璃、吸热玻璃、热反射玻璃、夹丝玻璃、钢化玻璃等与边框（铝框架或玻璃条等），经胶结、焊接或熔接而制成。中空玻璃可采用 3、4、5、6、8、10、12mm 厚片度原片玻璃，空气层厚度可采用 6、9、12mm 间隔。中空玻璃构造原理如图 4-58 所示。

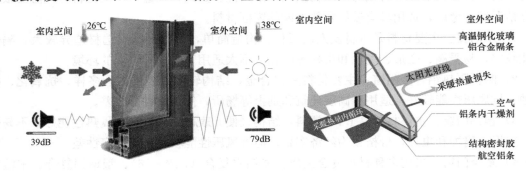

图 4-58　中空玻璃构造原理

> **注：** 干燥空气的导热率远低于玻璃本身因此干燥的空气才是减少热量损失的关键。干燥剂、惰性气体都是保证空气干燥的根本。

①保湿隔热性能好。中空玻璃空气层的导热率小，空气的导热率是玻璃的 1/27，中空玻璃再配合断桥隔热型材使用效果会更好，所以中空玻璃具有良好的保温隔热性能。

②隔声性能好。中空玻璃具有较好的隔声性能，可降低噪声 30～40dB。

③防结露性能好。当室内外温差较大且室内湿度较大时，室内的水汽会附着在室内的玻璃上出现水珠，甚至结霜。但中空玻璃具有良好的保温隔热性、气密性，中间空气层减少了内外热量的交换，所以不会结露。中空玻璃（图 4-59）、填充干燥剂的铝合金条（图 4-60）。

图 4-59　中空玻璃
（5mm 玻璃＋6mm 空气＋5mm 玻璃）

图 4-60　铝合金条（填充干燥剂用）

> **注：** 中空玻璃可以有多层玻璃和空气组成，表示方法为玻璃厚度＋空气层厚度（用 da 表示）

2）夹层玻璃。夹层玻璃是安全玻璃的一种，它是在两片或多片平板玻璃之间粘合一层有机聚合物中间膜 PVB（聚乙烯醇缩丁醛）等，再经热压粘合而成的平面或弯曲的复合玻璃制品。夹层玻璃的层数有 2、3、5、7、9 层。夹层玻璃及构造如图 4-61 和图 4-62 所示。

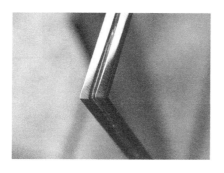

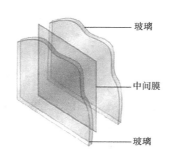

图 4-61　夹层玻璃（实物）　　　图 4-62　夹层玻璃构造（两层玻璃＋PVB膜）

夹层玻璃的主要特点是安全性好，透明度好，抗冲击性要比普通平板玻璃高好几倍，故玻璃破碎时，玻璃碎片不会到处飞溅，而是玻璃碎片还会被粘在薄膜上，整块玻璃仍保持一体性，破碎的玻璃表面仍保持整洁光滑。这样就避免了玻璃碎片扎伤人事件的发生，更好地确保人身安全，如图 4-63 和图 4-64 所示。

图 4-63　破坏夹层玻璃　　　图 4-64　夹层玻璃破坏后（仍保持整体不脱落）

夹层玻璃非常坚韧，即使盗贼将玻璃敲裂，由于中间层同玻璃牢牢地粘合在一起，仍保持整体性，使盗贼无法进入室内。安装夹层玻璃后可省去护栏，既省钱又美观还可摆脱牢笼之感。夹层玻璃还具有良好的隔音性、防紫外线性、节能性和良好的装饰性能。

防弹玻璃作为夹层玻璃的一种，最具有代表性。防弹玻璃由多片不同厚度的透明浮法玻璃和多片 PVB 胶片/聚碳酸酯纤维热塑性塑料科学地组合而成，总厚度一般在 20mm 以上，要求较高的防弹玻璃总厚度可以达到 50mm 以上。为了增强玻璃的防弹防盗性能，玻璃的厚度和 PVB 的厚度均增加了。由于玻璃和 PVB 胶片粘合得非常牢固，玻璃的刚度和 PVB 的柔韧性有机结合，故能比较好地抵御子弹的冲击（图 4-65 和图 4-66）。

注：　防弹玻璃是特殊的夹层玻璃，具有夹层玻璃的大部分特性。

夹层玻璃主要应用于防弹玻璃、商店橱窗（图 4-67 和图 4-68）、汽车和飞机的挡风玻璃（图 4-69）、建筑物门窗、幕墙、天窗、架空地面（图 4-70）、玻璃家具、柜台、水族馆等几乎所有有安全要求的部位。

图 4-65　防弹玻璃

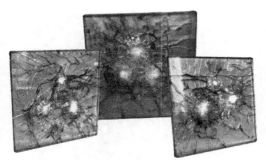

图 4-66　防弹玻璃破坏后（保持原状不破坏）

图 4-67　彩色夹层玻璃（改变膜的颜色）

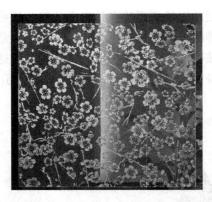

图 4-68　带图案夹层玻璃（带图案的膜）

图 4-69　汽车风挡玻璃（钢化夹层）

图 4-70　夹层玻璃踏板（钢架楼梯踏面）

3）热反射玻璃。热反射玻璃是既具有较高的热反射能力，又保持平板玻璃的良好透光性能的玻璃，又称镀膜玻璃或者镜面玻璃。它是采用热解法、真空蒸镀法、阴极溅射法等，在玻璃表面涂以金、银、铜、铝、铬、镍和铁等金属或金属氧化物薄膜，或采用电浮法等离子交换方法，以金属离子置换玻璃表层原有离子而形成热反射膜。热反射玻璃也称镜面玻璃，有金色、茶色、灰色、紫色、褐色、青铜色和浅蓝等各种颜色（图 4-71）。

> 注：镀膜玻璃可以和中空玻璃、夹层玻璃进行组合使用，以达到更好的效果。

①具有良好的隔热、遮阳性。玻璃表面的热反射膜，对来自太阳的红外线的反射率可达到 30%～40%。因此虽然外部日照强烈，但室内凉爽宜人，大大降低了空调的能耗。

②单向透视性和镜面效应。白天，从迎光面看去，热反射玻璃如同镜子一样可以映衬周围建筑的景色，使安装热反射玻璃的建筑与周围环境融为一体。从室外看不到室内活动，对建筑内部起到很好的遮蔽和帷幕的作用。而从室内则可以看清外面的景色，这就是单向透视性和镜面效应。晚上，室内灯光亮起，室外光线变暗，则室外可以清楚看清室内的灯光，整个建筑也在灯光的衬托下变得宏伟美丽（图4-72）。

图4-71　热反射玻璃（不同颜色的镀膜）　　　　图4-72　热反射玻璃幕墙（单向透视性）

热反射玻璃主要用在高级建筑的门窗、玻璃幕墙、装饰玻璃等，尤其适合用在夏季光照强，有较高遮阳要求的地区，具有极佳的隔热、遮阳效果。

4）吸热玻璃。吸热玻璃是指能大量吸收红外线辐射，又能使可见光透过并保持良好透视性的玻璃。吸热玻璃是在普通钠钙硅酸盐玻璃的原料中加入一定量的有吸热性能的着色剂或者在平板玻璃表面喷镀一层或多层具有吸热性能的金属或金属氧化物薄膜而制成。吸热玻璃有灰色、茶色、蓝色、绿色、古铜色、青铜色、粉红色和金黄色等（图4-73）。

吸热玻璃的特点是可以将照射在玻璃上的辐射能吸收，明显降低夏季的室内温度，降低空调能耗。吸热玻璃加入金属氧化物之后颜色鲜艳美丽，还有很好的装饰效果，吸热玻璃通过对可见光的吸收，使室内光线变得柔和而不刺眼，舒适度增加。

注：　热反射玻璃主要是镀膜而吸热玻璃既可以通过镀膜又可以通过添加改变玻璃性能。

吸热玻璃适用于既需要采光，又需要隔热之处，尤其是夏季炎热地区，需设置空调、避免眩光的大型公共建筑的门窗、幕墙以及汽车、轮船的挡风玻璃等，如图4-74所示。

图4-73　吸热玻璃（不同颜色）　　　　　图4-74　吸热玻璃建筑（装饰加节能）

（4）采用隔热条。隔热条是窗框和玻璃之间的组成部分，它具有重要的隔热作用。采用高性能的隔热条可以有效提高门窗的隔热性能，减少热量的散失，如图4-75所示。窗体密封是一种最直接的建筑节能措施，可节能15％以上。窗体密封除了减少冷热量（能量）渗漏还可以改善居住和工作条件。常用的隔热条材料有橡胶（图4-76）、硅胶等，可以根据实际需要进行选择。

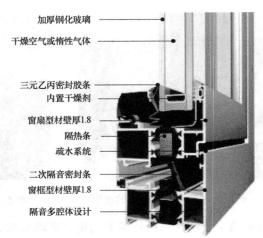

加厚钢化玻璃
干燥空气或惰性气体
三元乙丙密封胶条
内置干燥剂
窗扇型材壁厚1.8
隔热条
疏水系统
二次隔音密封条
窗框型材壁厚1.8
隔音多腔体设计

图4-75　断桥隔热窗胶条安装示意图

图4-76　三元乙丙橡胶条

（三）幕墙结构技术

幕墙结构技术是指在建筑围护结构中，采用一定的材料和技术对建筑物外墙进行设计和施工，以提高外墙的节能性能和美观性能。具体措施包括：

采用中空玻璃、夹层玻璃等隔热性能好的材料；采用优质的铝合金型材、不锈钢材料等，提高幕墙的耐久性和美观性；采用自动控制系统，控制幕墙的开合和倾斜角度，实现节能和美观效果。

从幕墙的发展来看，为提高墙体的热工性能，玻璃幕墙从单层玻璃、非隔热型材的单层幕墙逐渐向中空玻璃、断桥隔热型材幕墙以及双层通风幕墙发展。同时，为了减少光污染，大面积的高反射率镀膜玻璃应用量在减少，高透明度的中空玻璃应用量在增加。

双层通风幕墙又常被称为双层幕墙、呼吸式幕墙、动态通风幕墙、热通道幕墙等。其中双层皮玻璃幕墙（Double-skin glass curtain wall，简称DSF）的构造形式最早出现在20世纪70年代的欧洲，主要是为了解决大面积玻璃幕墙建筑在夏季出现过热的问题、高层通风可控的需求以及单纯外遮阳维修、清洗困难等问题。主要做法是，在原有的玻璃幕墙上再增设一层玻璃幕墙，在夏季利用夹层百叶的遮挡与夹层通风将过多的太阳辐射热排走，从而减少建筑物的空调能耗；冬季时打开百叶，关闭通风，形成温室效应，如图4-77所示。

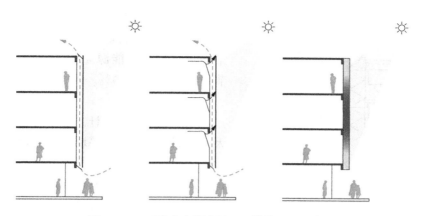

图 4-77　双层玻璃幕墙保温、散热原理示意图

> 注：　在寒冷的气候中，这层空气的缓冲就像防止热量散失的屏障。在炎热的气候下，可以将腔体内热的空气排出建筑物外，以减轻太阳能的增益并降低冷却负荷。

双层皮幕墙作为一种较新的幕墙形式，近 20 年来在欧洲办公建筑中应用较多，据统计已建成的各种类型的 DSF 建筑在欧洲就有 100 座以上，分布于德国、英国、瑞士、比利时、芬兰、瑞典等国家。近几年来，国内一些高档建筑也开始了使用各类 DSF 的尝试，国内最近几年间陆续出现的双层皮幕墙建筑。

根据构造特点及通风原理，双层幕墙可分为内循环式（机械通风型）（图 4-78）、外循环式（自然通风型）（图 4-79）、内外循环式（混合通风型）以及密闭式、开放式等多种形式。但其实质是在两层皮之间留有一定宽度的空气间层，通过不同的空气间层方式形成温度缓冲空间。由于空气间层的存在，因而可在其中安置遮阳设施（如活动式百叶、固定式百叶或者其他阳光控制构件）；通过调整间层设置的遮阳百叶和利用外层幕墙上下部分的开口的辅助自然通风，可以获得比普通建筑使用的内置百叶较好的遮阳效果，同时可以实现良好的隔声性能和室内通风效果。双层幕墙同样可以集成光伏幕墙的概念形成双层光电幕墙，也可以与各种夜景照明系统更好地结合。

1. 双层幕墙的优点

与传统单层玻璃幕墙墙体相比，双层通风幕墙的优点是不言而喻的，通过合理的设计，在保持建筑透明性的同时提高了墙体的保温隔热性能，节约了运营的能耗。虽然传热系数仍高于传统墙体，但它可以主动地调节建筑外墙附近的小气候以达到一

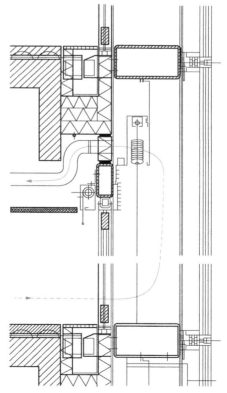

图 4-78　内循环式（机械通风型）
通风换气示意图

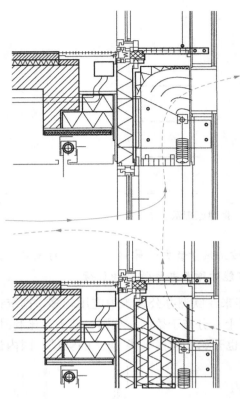

图 4-79　外循环式（自然通风型）
通风换气示意图

定程度的节能效果。

节能：双层幕墙与单层幕墙相比，围护结构采暖时可以节约能源 42%～52%，制冷时可以节约能源 38%～60%。

2. 双层幕墙构造详述

（1）通风结构设计。夏季考虑方式：由于白天日光照射，使双层幕墙之间通道温度升高，由于"烟筒"效应使热的气流上升并通过上端出风口排到室外，夜间没有阳光照射，双层幕墙通道间由于室内与室外的温度交换，双层幕墙之间间隙温度低于室外温度，因此应关闭通风装置，不会使气流上升并通过上端出风口排到室外，减少能量损失。但应随时可开内侧窗自然通风。冬季考虑方式：应从节能角度考虑，由于白天日光照射，使双层幕墙之间通道温度升高，因此应关闭通风装置，减少室内与室外温度交换，夜间没有阳光照射，也应关闭通风装置，夜间内层的LOW-E玻璃起绝对节能作用。春、秋季，室内可以通过打开内层门或窗以及通风装置获得室外新鲜的自然空气。

（2）防尘与清洗设计。结构的防尘是相对防尘，外循环式结构在欧洲应用较为广泛，由于我国北方大部分地区春秋季节风沙天气较多，尤其可吸入颗粒物和昆虫非常严重，欧洲的外循环体系结构从防尘与清洗等方向不能完全满足我国北方地区要求。采用外循环体系结构设计时应充分考虑防尘与清洗形式适合我国实际情况，进、出风口可采用一种电动调节百页装置，并在通风装置中设置表面涂"纳米"涂料，减少积尘。双层幕墙之间的过滤网设计应便于室内清洁人员的更换、清洗。

（3）节能结构设计外循环体系的内层幕墙玻璃，应采用中空玻璃，外层幕墙推荐采用夹胶钢化，内层幕墙采用热断桥铝合金结构，外层可采用点式驳接结构或铝合金结构，若内外层幕墙选用透明玻璃，就必须考虑冬季与夏季，白天与夜间的气候、温度不同，而对结构设计产生的影响。外层玻璃选用夹胶透明钢化，玻璃即便破损也不会脱落，避免对楼底行人造成伤害，选择透明玻璃可使阳光充分进入双层幕墙之间"腔体"，形成温室效应

（4）遮阳设计。双层幕墙之间安装电动或手动操作的遮阳装置，遮阳百叶可调节角度，使阳光进入室内得到合理控制，遮阳装置的安装位置非常重要；一般距外层玻璃 150～180mm 为最佳，也应考虑内层幕墙开启窗或门的形式而定，避免影响窗或门的正常开启的关闭。

3. 外循环式（自然通风型）双层幕墙系统

外循环式（自然通风型）双层幕墙由外层幕墙、内层幕墙、内外层之间的空气腔、内外层之间的连接装置、遮阳装置、外层进出风口及其控制装置等组成。

　　外循环式双层幕墙的外层一般采用单层玻璃幕墙，内层采用中空玻璃＋断桥隔热型材，二层玻璃幕墙中间一般有 200～600mm 的空间，其空气腔可与室外空气连通。通过对气流的合理组织和控制，利用建筑高度的烟囱效应和热压原理，使两层幕墙之间的空气流动，形成不用电能的动态通风，实现建筑节能。其通风原理如图 4-80 所示。

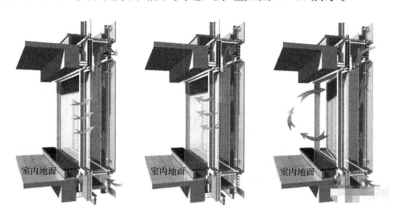

图 4-80　外循环式（自然通风型）双层幕墙通风及气流组织原理

　　通过控制进出风口的开合，调节幕墙性能。

　　冬季：关闭通风口，尽量减少换气次数（热交换），利用幕墙间的太阳辐射热量。

　　夏季：开启通风口，提高换气次数，避免室外的热量传入室内，提高系统的隔热性能。

　　舒适季节：通风口则可完全打开，内层幕墙窗开启，以利于自然气流进入建筑内。

　　无论通风口处于开启还是关闭状态下，均可阻止雨水进入双层幕墙内部。外循环双层通风幕墙垂直方向上可以一个、几个楼层分为一个通道单元，甚至整个幕墙高度方向为一个通道，水平向也可根据设计分成整个或多个单元。

　　外循环式双层幕墙可采用整体单元式、分体单元式、单元/构件组合式、分体构件式、门窗/构件组合式等多种灵活多变的构造形式。外循环式双层幕墙一般更适宜于日照时间长、太阳辐射强的地区。外循环双层幕墙案例如图 4-81 和图 4-82 所示。

图 4-81　外循环式双层玻璃幕墙——德国柏林 GSW 大厦

4. 内循环式（机械通风型）双层幕墙系统

　　内循环式（机械通风型）双层幕墙由外层幕墙、内层幕墙、内外层之间的空气腔、内外

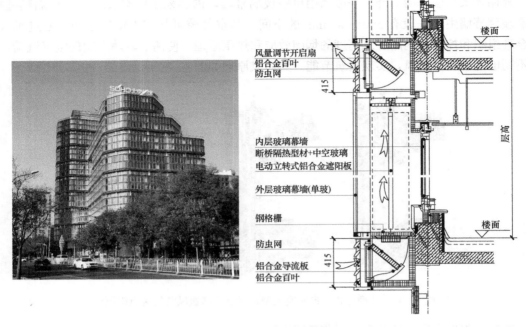

图 4 - 82　北京 soho 公馆双层玻璃幕墙及其构造详图

层之间的遮阳装置、进出风装置等组成。

　　双层幕墙系统，内外两层幕墙之间形成具有一定厚度（150～300mm）的空气腔，形成热隔绝层。外层幕墙采用热工性能较好的封闭式中空玻璃幕墙，内层则为单层玻璃幕墙（或可开启的门窗）。内层幕墙底部设置进风口，在顶部设置排风口，通过吊顶内的风管、排风机械排出室内污浊空气并带走进入室内的部分辐射热，形成流动空气层。在通风换气的同时，空腔内的空气与室内排出的空气产生动态热交换，减少室内热量损失，并增强保温/隔热效果，如图 4 - 83 所示。

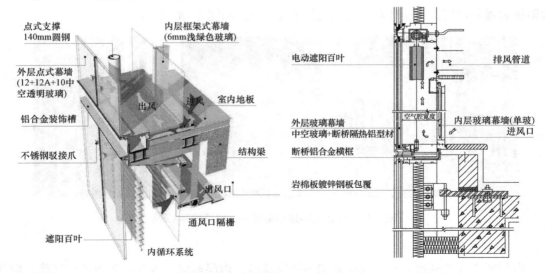

图 4 - 83　内循环双层玻璃幕墙构造详图

通过软件模拟分析，合理设计通风口和气流组织，使系统的通风量满足室内通风换气要求，并使围护系统的动态节能效果达到最佳。这种系统同样可以在适当位置设置自然通风装置或开启窗（外层幕墙），在室内新风不足时，适当弥补，保持室内空气清新，舒适宜人。相比于外循环式双层幕墙，这种系统占用空间尺寸较小。内层幕墙均可开启，便于清洁和维护。

内循环式双层幕一般更适宜于采暖为主的寒冷地区以及室外空气污染较大的地区。根据需要，封闭内循环式（机械通风型）双层幕墙同样可以采用单元式、构件式及单元/构件组合式等灵活多变的构造形式。

5. 内外循环（混合通风型）双层幕墙系统

内外循环（混合通风型）双层幕墙系统综合了内循环和外循环两种类型双层幕墙系统的优势，可根据需要采取内循环机械通风或外循环自然通风两种通风方式，二者可灵活切换，相互弥补，充分保证通风效果，保持室内空气清新。两种通风方式的有机结合，最大限度地减少室内外热量直接交换，减少室内热损失，大幅提高保温隔热性，如图 4-84 所示。

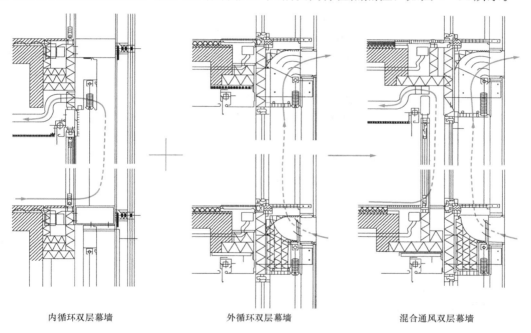

内循环双层幕墙　　　　　外循环双层幕墙　　　　　混合通风双层幕墙

图 4-84　混合通风双层幕墙示意图

夏季：主要采用自然通风（外循环）方式，通风量不足时，可采用机械通风（内循环）方式加以弥补。

冬季：将室外自然通风口关闭，以机械通风（内循环）方式为主，通风量不足时，可适当开启外层通风口和内层开启装置，获得适量新风。

6. 开放式双层幕墙系统

开放式双层幕墙系统外层幕墙为各种形式的单片百叶，如铝板、玻璃百页等。其空气腔与室外永久连通，更多的是起到阻隔风沙、降低噪声、保护内层墙面、保护遮阳系统、改善内层墙面的开窗通风、装饰等作用。这种幕墙有时候更适宜于追求表皮形式的建筑、旧建筑改造等，如图 4 - 85 所示。

图 4 - 85　开放式幕墙系统

（四）遮阳技术

遮阳技术是指在建筑围护结构中，采用一定的材料和技术对阳光进行遮挡和调节，以提高建筑物的节能性能和舒适性能。具体措施包括采用遮阳板、百叶窗、窗帘等遮阳设施，减少室内阳光直射；采用自动控制系统，根据室内温度、湿度等参数，对遮阳设施进行自动控制；在建筑物外部设置防晒帘、遮阳罩等设施，减少夏季阳光直射。

增加外遮阳，减少热辐射。根据实践证明，适当的外遮阳布置，会比内遮阳窗帘对减少太阳照射更为有效。有的时候甚至可以减少日照热量的 70%～80%。外遮阳可以依靠各种遮阳板、建筑物的遮挡、窗户侧檐、屋檐等发挥作用。

在我国南方地区建筑的外窗及透明幕墙，特别是东、西朝向，应优先采用外遮阳措施。活动的外遮阳设施，夏季能抵御阳光进入室内，而冬季能让阳光进入室内，适用于北方地区。固定外遮阳措施适用于以空调能耗为主的南方地区，它有利于降低夏季空调能耗。当建筑采用外遮阳设施时，遮阳系统与建筑的连接必须保证安全、可靠，尤其在高层公共建筑应更加注意。

1. 遮阳技术类型

在夏热地区，遮阳对降低建筑能耗，调节室内的微气候有显著的效果。建筑遮阳的种类有窗口遮阳，屋面遮阳，墙面遮阳，绿化遮阳等形式。在这几组遮阳措施中，窗口遮阳是最重要的。窗口遮阳方式如下：

（1）固定窗口外遮阳，主要有水平，垂直，挡板遮阳等形式。

（2）活动窗口外遮阳，弥补设计上的不足，可以根据个人意愿和环境变化自由调节遮阳系统，形式有遮阳棚，遮阳卷帘和活动百叶遮阳。

（3）窗口中置式遮阳，遮阳设施位于双层玻璃之间。

（4）玻璃自遮阳，玻璃自身的遮阳性对节能的影响很大，应选择遮阳系数小的玻璃。

（5）窗口内遮阳，形式主要有垂直窗帘，叶帘，卷帘。

2. 外立面遮阳百叶

建筑外立面百叶作为常用的外立面遮阳形式能够最大化呈现立面效果，常见用于遮阳板的材料有铝板、木板、陶板、铝塑复合板、蜂窝铝板等，都是非常常用的外立面遮阳材料。如图 4 - 86 和图 4 - 87 所示。

建筑幕墙用高压热固化木纤维板，是由阻燃型高压热固化木纤维芯板与装饰面层在高温

图 4 - 86　金属百叶遮阳板

高压条件下固化胶结形成的板材，是一种高科技绿色环保型建筑物墙面装饰材料，自 1960 年问世以来，因其卓越的物理性能及环保特性广泛应用于欧洲各国，是欧洲各国政府指定的优先采用建筑材料之一，如图 4 - 88 所示。

图 4 - 87　办公建筑外立面百叶遮阳板　　图 4 - 88　通化科技文体中心热固化木纤维板外立面

其装饰表面采用独特的电子束固化技术（EBC），芯材由混合高达 70％的天然纤维与热固性树脂在高温高压的作用下制作而成，是一种稳定性高、轻质、高强的致密板材。其最大优点是克服了传统天然材料不稳定性和耐候性不佳等缺点节约并保护了木材资源。

学习情境五　绿色建筑相关资源利用技术

绿色建筑的相关资源利用包括水资源节约技术、土地节约技术、生态景观技术等。

项目一　不可再生资源利用

任务一　水资源节约技术

任务导入

在绿色建筑中，水资源的节约和合理利用是至关重要的，不仅可以减少对水资源的过度消耗，还可以降低建筑的运营成本。水资源节约技术的应用可以通过采集、储存和再利用雨水、减少用水量、优化水资源管理等方式，实现对水资源的有效管理和节约利用。本任务将介绍绿色建筑中常用的水资源节约技术，包括雨水收集系统、节水设备、灌溉系统优化等。

任务目标

通过学习本节内容，读者将了解每种技术的原理和应用，并能够在实际项目中选择和应用适当的水资源节约技术，以实现绿色建筑的水资源节约和可持续发展的目标。同时，读者还将了解到通过采用水资源节约技术所带来的节水效益和环境保护效益，利用水资源节约技术与其他技术共同组合发挥在绿色建筑中的重要作用。

水资源节约技术是指在绿色建筑中采用节水设备回收利用雨水、废水等，减少水资源的浪费。节水设备包括低流量淋浴头、节水马桶等，可以减少用水量。回收利用雨水、废水等可以降低用水量，提高水资源利用效率。

水资源节约技术主要包括以下几种类型：

一、　循环水系统

循环水系统是通过收集、过滤、处理和再利用污水等方式，使水循环利用，减少浪费。其特点是可以减少用水量，降低污水排放量，以及降低用水成本。其主要的工作流程包括收集、处理、储存、再利用四个步骤。具体的流程如下（图 5-1）。

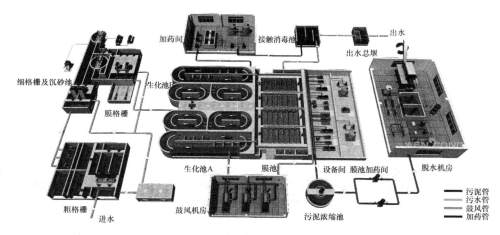

图 5-1 污水处理流程示意图

> 注：循环水是指在建筑或工业过程中，通过处理和再利用的方式将废水转化为可再利用的水资源。循环水系统可以将废水经过处理后再次用于冲洗、灌溉、冷却等用途，从而减少对自然水资源的需求。
>
> 中水是指经过初步处理后的废水，相对于原始的生活污水或工业废水，中水在水质上有所改善，但仍需要进一步处理才能达到安全使用的标准。中水通常可以用于非饮用用途，如冲洗厕所、洗衣服、灌溉等。

（1）收集：建筑内部的污水通过管道系统被输送到循环水系统的收集系统中。收集系统包括了下水道、隔油池、格栅池等设施，能够有效地将污水进行初步的处理，去除油脂、泥沙和固体等杂质。

（2）处理：经过收集系统的污水会被输送到循环水系统的处理系统中。处理系统包括了生物反应器、沉淀池、过滤器等设施，通过生化反应、沉淀和过滤等工艺，将污水中的有机物、氮、磷等物质进行处理，使其达到再利用的标准。

（3）储存：处理后的循环水会被输送到储水池或储水塔中进行储存。储水池或储水塔通常位于建筑物的地下或屋顶，能够提供足够的储水量，以满足建筑物内部再利用水的需求。

（4）再利用：储存的循环水会被输送到建筑物内部的再利用系统中。再利用系统包括了冲厕系统、灌溉系统、空调系统等设备，能够将循环水再次利用于建筑物的生产和生活中。

需要注意的是，循环水系统需要定期进行检查和维护，以保证系统的正常运行。同时，需要注意循环水的质量和卫生安全问题，以确保再利用水的安全和健康。

二、 雨水收集系统

雨水收集系统是通过收集雨水，经过过滤处理后再利用，以达到节约水资源的目的。其特点是可以减少用水量，降低污水排放量，以及降低用水成本。雨水收集系统的设备包括雨水收集箱、过滤器、水泵等，施工方式通常是将这些设备安装在建筑物的屋顶或者地下，其流程如图5-2所示。

图5-2　雨水回收处理流程示意图

三、低流量水龙头和淋浴头

低流量水龙头和淋浴头是通过减小水流速度来达到节约用水的目的。低流量水龙头和淋浴头的设备通常是直接替换原有的水龙头和淋浴头，施工方式非常简单。

四、环保型厕所

环保型厕所是通过减少冲水量、改变冲水方式等方式来达到节约用水的目的。其特点是可以减少用水量，降低水处理成本，以及减少水污染。环保型厕所的设备包括节水型厕所、虹吸式厕所等，施工方式通常是将这些设备替换原有的厕所设备。

五、水处理设备

水处理设备是通过净化、消毒等方式来达到节约用水的目的。其特点是可以减少水污染，提高用水质量。水处理设备的设备包括过滤器、消毒器等。

总之，水资源节约技术在建筑物的设计、建造和使用过程中具有重要作用，可以减少用水量、降低用水成本、降低污水排放量、提高用水质量，为保护环境、节约资源做出贡献。

任务二　节地技术

👤 任务导入

在绿色建筑中，节地技术是一种重要的策略，旨在最大限度地减少建筑用地的占用，提高土地利用效率，保护自然环境和生态系统。通过合理规划建筑布局、利用地下空间、开展垂直绿化等方式，节地技术可以实现在有限的用地条件下创造更多的功能空间，提供更好的室内外环境。本任务将介绍绿色建筑中常用的节地技术，包括紧凑布局、地下空间利用、垂直绿化等。

任务目标

通过学习本节内容，读者将了解每种技术的原理和应用，并能够在实际项目中选择和应用适当的节地技术，以最大限度地减少建筑用地的占用，提高土地利用效率。

我国正处在加快推进城市化、现代化发展的重要历史时期，面对我国人多地少、土地资源稀缺的基本国情，促进节约集约利用土地资源、提升土地资源对经济社会发展的承载能力和利用效益是保障和促进经济社会可持续发展的重要途径。面对当前形势，绿色建筑的建设应按照节约集约用地的原则，在满足功能使用、安全要求的前提下，尽可能减少新征（占）建设用地、充分利用闲置地和工业废弃地、提高土地利用效率，从而有效节约城市建设用地。同时，在节约用地的前提下，绿色建筑还应营造良好的室外环境，与室内环境一起为人们提供高品质的人居环境。因此一节地与室外环境作为绿色建筑的重要内涵，成为绿色建筑评价体系的主要组成部分之一。

绿色建筑的节地技术主要包括以下几种类型。

一、 高层建筑设计

高层建筑设计是一种节地技术，其特点是能够使建筑物的建筑面积相对较小，从而节省土地资源。高层建筑的设计需要考虑结构力学、防风、抗震等方面的因素，利用建筑设计软件、模型等，采用预制和模块化的建造方式，提高建筑的利用率，降低建筑的容积率、建筑密度等。

二、 地下建筑

地下建筑是一种节地技术，其特点是能够将建筑物的建筑面积从地面转移到地下，从而节省土地资源。通过土壤力学分析软件、隧道掘进机等，对地下空间利用进行合理分析，充分考虑不同的工程地质条件、地下通风、防火及防渗漏等问题，如图 5-3 和图 5-4 所示。

三、 立体绿化

绿色建筑立体绿化是指在建筑物的墙面、屋顶、庭院等空间进行绿化，以增加绿色空间、改善室内外环境、提高生态效益的一种手段。

图 5-3　地下商业建筑

具体实施方法有以下几种。

（一） 墙面绿化

通过在建筑物的外墙或内墙上安装支架或网格等设施，将植物栽种在墙面上，形成垂直的绿色景观。常用的植物有攀缘植物和藤本植物等，如图 5-5 和图 5-6 所示。

图 5-4　MI5 & PKMN 活力地下公共空间　　　　　图 5-5　建筑室内墙面绿化

图 5-6　建筑外立面绿化

1. 根据墙面绿化的不同方式分类

把它分为六种类型（图 5-7）。

（1）模块式，即利用模块化构件种植植物实现墙面绿化。将方块形、菱形、圆形等几何单体构件，通过合理搭接或绑缚固定在不锈钢或木质等骨架上，形成各种景观效果。模块式墙面绿化，可以将模块中的植物和植物图案预先栽培养护数月后进行安装，寿命较长，适用于大面积的高难度的墙面绿化，特别对墙面景观营造效果最好。

（2）铺贴式，即在墙面直接铺贴植物生长基质或模块，形成一个墙面种植平面系统。

特点：可以将植物在墙体上自由设计或进行图案组合；直接加在墙面，无须另外做钢架，并通过自来水和雨水浇灌，降低建造成本；系统总厚度薄，只有 10～15cm，并且还具有防水阻根功能，有利于保护建筑物，延长其寿命，易施工，效果好。

（3）攀爬或垂吊式，即在墙面种植攀爬或垂吊的藤本植物，如种植爬山虎、络石、常春藤、扶芳藤、绿萝等。

特点：这类绿化形式简便易行、造价较低、透光透气性好。

（4）摆花式，即在不锈钢、钢筋混凝土或其他材料等做成的垂面架中安装盆花实现垂面绿化。安装方式与模块化相似，是一种"微缩"的模块。

特点：安装拆卸方便，适用于临时墙面绿化或竖立花坛造景。

（5）布袋式，即在铺贴式墙面绿化系统基础上发展起来的一种工艺系统。这一工艺是首先在做好防水处理的墙面上直接铺设软性植物生长载体，比如毛毡、椰丝纤维、无纺布等，然后在这些载体上缝制装填有植物生长及基材的布袋，最后在布袋内种植植物实现墙面绿化。

（6）板槽式，即在墙面上按一定的距离安装 V 型板槽，在板槽内填装轻质的种植基质，再在基质上种植各种植物。

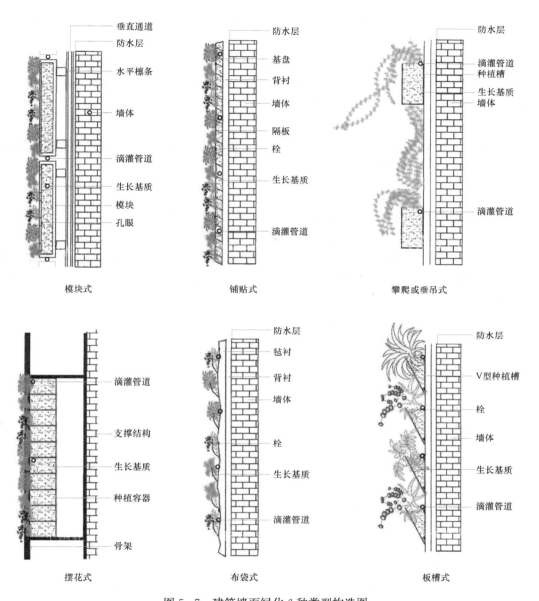

图 5-7　建筑墙面绿化 6 种类型构造图

2. 绿色建筑立体绿化的实施需要注意事项

（1）确定适宜的植物种类，考虑到植物的生长环境和特性等因素。

（2）确定绿化区域的负荷能力，考虑到建筑物结构及承重能力等因素。

（3）设计合理的灌溉系统，确保植物的生长和发育。

（4）设计合理的绿化维护管理措施，确保植物的健康和绿化效果的持续性。

（5）绿化工程需要按照相关标准和规范进行设计、施工和验收，确保安全可靠。

（二）屋顶绿化

通过在建筑物的屋顶上进行绿化，增加绿色空间，改善室内外环境。屋顶绿化的方式有浅层绿化和深层绿化两种。浅层绿化适用于建筑物屋面负荷能力较低的情况，常用的植物有多肉植物、草本植物等。深层绿化则可在屋面上建造浇水系统，常用的植物有草本植物、灌木等。

（三）庭院绿化

通过在建筑物周围的庭院或露台进行绿化，增加绿色空间，改善室内外环境。庭院绿化的方式有建造花坛、草坪、树林、水池等。

（四）室内绿化

通过在建筑物内部进行绿化，增加绿色空间，改善室内环境。室内绿化的方式有悬挂盆栽、桌面盆栽、垂直墙绿化等。

四、 空中花园

空中花园是一种节地技术，其特点是通过在建筑物顶部增加花园，从而节省土地资源。空中花园的设备包括花园植物、支撑结构等，施工方式通常是采用模块化的绿化系统。

总之，绿色建筑的节地技术可以减少建筑物所占用的土地资源，为城市的可持续发展做出贡献。不同的节地技术有不同的特点和设备，施工方式也有所差异，需要根据具体情况进行选择。

项目二　可持续资源利用

任务一　生态景观技术

任务导入

在绿色建筑中，生态景观技术是一种重要的策略，旨在通过合理的景观规划和设计，创造出具有生态功能和美观价值的室外空间。生态景观技术不仅可以提供人们与自然互动的场所，还可以改善空气质量、调节气候、保护生物多样性等。本节将介绍绿色建筑中常用的生态景观技术，包括绿色屋顶、垂直绿化、湿地处理系统等。

任务目标

通过学习本节内容，读者将了解每种技术的原理和应用，并能够在实际项目中选择和应用适当的生态景观技术，以创造出具有生态功能和美观价值的室外空间。

绿色建筑生态景观技术是一种将生态系统思想与建筑景观设计有机结合的技术。其目的是在建筑物内部和周围创造出一种自然和谐、生态平衡的环境，同时提高建筑物的功能性和美观性。

一、 生态景观技术主要方式

（一）植物景观

通过在建筑物内外种植各种植物，增加绿色空间，改善室内外环境。植物景观的种植方式有垂直墙绿化、屋顶绿化、庭院绿化等。通过传感器、智能控制器等技术，实现对景观系统的实时监测和管理，提高养护效率和质量。

（二）水景景观

通过建造水池、喷泉（图5-8）、水帘墙（图5-9）等水景设施，增加水分、负离子等自然元素，改善室内外环境。水景景观的设计需考虑水量、水质、水循环等因素。

图5-8 建筑涌泉景观

图5-9 建筑水幕景观

（三）石景景观

通过在建筑物内外使用各种石材、石块、砾石等，打造出自然、原始的景观效果，增加建筑物的美观性和自然感，如图5-10所示。枯山水是一种传统的日本庭院设计风格，以石头、沙子、苔藓等自然元素来表达山水景观。枯山水庭院通常以简洁、精致的设计为特点。它通过布置石头、沙子等元素来创造出山水景观的效果，不需要大量的植物和繁复的装饰。是对自然景观的抽象表达，而不是直接模仿自然，如图5-11所示。

图5-10 枯山水景观

图5-11 太湖石景观

注： 苏州园林是中国传统园林的代表，以其精致的设计和独特的风格而闻名。其特点有：

1. 苏州园林通常占地面积较小，但设计精致，充分利用空间来创造出多样的景观。

2. 苏州园林以水景为主要特色，常常有池塘、湖泊、小溪等水体。水景在园林中起到了连接各个景点的作用，也为园林增添了动态和变化。

3. 苏州园林注重园林与建筑的融合，园林中的建筑常常是精美的亭台楼阁，与园林的布局和景观相呼应，形成了独特的景观效果。

（四）光影景观

通过在建筑物内外运用自然光、人工光、影子等方式，营造出柔和、舒适、有层次感的景观效果，增加建筑物内部的舒适度和美观度。

（五）生态雕塑景观

通过在建筑物内外运用各种自然材料、再生材料，可以减少对环境的污染和破坏，提高建筑物的节能性和环保性，打造出与自然生态相融合的雕塑景观效果，增加建筑物的绿色元素和生态感，如图 5-12 和图 5-13 所示。

二、 实现绿色建筑生态景观技术的方法

为了更好地实现绿色建筑生态景观技术，可以从以下几个方面入手：

图 5-12　废旧金属材料景观　　　　　　　　图 5-13　废塑料瓶景观

综合设计：在绿色建筑设计的初期，就要考虑到生态景观的要求，将生态景观技术的应用纳入设计过程中，将建筑功能、结构等综合考虑，实现整体化设计。

合理搭配：生态景观技术的应用要考虑到植物、水、土壤、光照等多个要素的协调，需要对不同要素之间进行合理搭配，达到相互促进、协调发展的效果。

整体管理：生态景观技术的应用需要长期维护和管理，需要进行整体管理，定期进行检查、养护和更新，保证其健康、绿色和美观。

技术创新：在实现绿色建筑生态景观技术的过程中，需要借鉴和引进新技术、新工艺，如智能养护系统、绿色建筑材料等，实现技术创新、提高效率和质量。

学习情境六　绿色建筑评价

随着可持续发展理念的日趋深入，绿色成为建筑发展的必然要求。各国根据对绿色建筑的认识与地区的建筑发展实际，完善相应的管理制度和评价体系，对建筑绿色性能优劣进行评价，以保障和推动绿色建筑合理有效实施。

绿色建筑评价可为建筑管理提供依据，为建筑设计提供参考，为市场竞争提供信息，为环境教育提供资源。绿色建筑评价应遵循因地制宜的原则，结合建筑所在地域的气候，环境，资源，经济和文化等特点，选择制定适宜的评估工具与方法。

我国绿色建筑评价标识工作是依据《绿色建筑评价标准》（GB/T 50378—2019）等多部技术标准，按照相关政策性文件，确认绿色建筑等级，并对其进行信息标识。绿色建筑标识包括证书和标志（挂牌）两种。

项目一　我国绿色建筑评价的管理与实施

任务一　绿色建筑评价标识的基本规定

任务导入

为规范绿色建筑标识管理，推动绿色建筑高质量发展，住房和城乡建设部制定和印发了《绿色建筑标识管理办法》，从而进一步优化和完善绿色建筑评价的管理与实施。本任务以管理办法为依据，帮读者简要梳理了绿色建筑标识的概念、绿色建筑标识授予范围、绿色建筑标识等级与认定权限，绿色建筑标识的技术依据等，以期读者对我国绿色建筑评价的管理与实施有一个大体的了解和把握。

任务目标

1. 了解绿色建筑标识的概念分类。
2. 掌握绿色建筑标识的等级与认定权限。
3. 明晰不同类型建筑标识认定的技术依据。

一、 绿色建筑标识

绿色建筑标识是指表示绿色建筑星级并载有性能指标的信息标志，包括标牌和证书。绿色建筑标识由住房和城乡建设部统一式样，证书由授予部门制作，标牌由申请单位根据不同应用场景按照制作指南自行制作（图 6-1）。

图 6-1 绿色建筑标牌与证书

二、 标识授予范围与认定权限

绿色建筑标识授予范围为符合绿色建筑星级标准的工业与民用建筑。绿色建筑标识星级由低至高分为一星级、二星级和三星级 3 个级别，星级越高表明其绿色性能越突出。住房和城乡建设部负责制定完善绿色建筑标识制度，指导监督地方绿色建筑标识工作，认定三星级绿色建筑并授予标识。省级住房和城乡建设部门负责本地区绿色建筑标识工作，认定二星级绿色建筑并授予标识，组织地市级住房和城乡建设部门开展本地区一星级绿色建筑认定和标识授予工作。

> 提示： 参照绿色建筑评价标识管理办法，厘清不同星级绿色建筑的认定权限和技术依据。

三、 标识技术依据

绿色建筑三星级标识认定统一采用国家标准，新建民用建筑采用《绿色建筑评价标准》（GB/T 50378—2019），工业建筑采用《绿色工业建筑评价标准》（GB/T 50878—2013），既有建筑改造采用《既有建筑绿色改造评价标准》（GB/T 51141—2015）。

二星级、一星级标识认定可采用国家标准或与国家标准相对应的地方标准，省级住房和城乡建设部门制定的绿色建筑评价标准，可细化国家标准要求，补充国家标准中创新项的开放性条款，不应调整国家标准评价要素和指标权重。

任务二　绿色建筑申报与审查程序

📇 任务导入

目前各省市对绿色建筑的建设认证推广非常重视，各种各样的绿色建筑补贴政策相继出台，那么绿色建筑如何申报，又将通过哪些审查认定程序呢？本任务将从绿色建筑的申报与审查要求两方面为读者答疑解惑。

📚 任务目标

掌握绿色建筑的申报和审查程序，明确相关申报材料要求。

绿色建筑标识申报遵循自愿的原则，绿色建筑标识认定则秉持科学、公开、公平、公正。绿色建筑标识认定要经过申报、推荐、审查、公示、公布等环节，其中审查环节又包括形式审查和专家审查两个阶段。住房和城乡建设部为规范和统一管理，建立了绿色建筑标识管理信息系统（网址：http：//lsjz.jzjn.mohurd.gov.cn），同时明确规定了三星级绿色建筑标识的认定流程，如图 6 - 2 所示。

省级和地级市住房和城乡建设部门依据管理权限登录绿色建筑标识管理信息系统，开展一、二星级的绿色建筑标识认定工作，不通过系统认定的二星级、一星级项目则需要及时将认定信息上报至系统。

一、申报主体与申报条件

绿色建筑标识申报应由项目建设单位、运营单位或业主单位提出，鼓励设计、施工和咨询等相关单位共同参与申报。申报绿色建筑标识的项目应具备以下条件：按照《绿色建筑评价标准》（GB/T 50378—2019）等相关国家标准或相应的地方标准进行设计、施工、运营、改造；已通过建设工程竣工验收并完成备案。

二、申报材料要求

申报单位需提供申报材料的内容如下：绿色建筑标识申报书和自评估报告（表 6 - 1 为申报书关键指标表）；项目立项审批等相关文件；申报单位简介、资质证书、统一社会信用代码证等；与标识认定相关的图纸、报告、计算书、图片、视频等技术文件；每年上报主要绿色性能指标运行数据的承诺函。同时，申报单位需对申报材料的真实性、准确性和完整性负责。

提示：依据图标和附件内容学习绿色建筑申报所需的材料，以便在工程实施过程中注意收集整理，同时重点掌握绿色建筑关键的评价指标。建议选取一个您周围的实际绿色项目进行参观与信息收集，完成自评估。

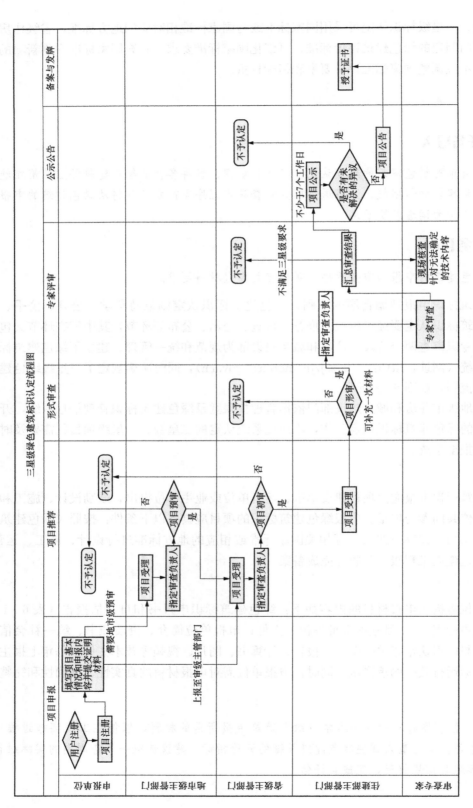

图 6-2 三星级绿色建筑标识认定流程图

124

表 6 - 1　　　　　　　　　绿色建筑性能评价申报书关键指标表

关键评价指标情况		
指标	单位	数据（保留两位小数）
用地面积	m²	
建筑面积	m²	
建筑总能耗	GJ/a	
单位面积能耗	kW·h（m²·a）	
围护结构热工性能提高比例	%	
供暖空调负荷降低比例	%	
严寒和寒冷地区住宅外窗传热系数降低比例	%	
建筑能耗降低幅度	%	
容积率	%	
绿地率	%	
人均集中绿地面积	m²	
室内 $PM_{2.5}$ 年均浓度	$\mu g/m^3$	
室内 PM_{10} 年均浓度	$\mu g/m^3$	
室内主要空气污染物浓度降低比例	%	
室内噪声值	dB	
构件空气声隔声值	dB	
楼板撞击声隔声值	dB	
绿色产品装饰装修材料数量	N	
可调节遮阳设施面积比例	%	
场地出入口距公交站点的步行距离	m	
项目就近公交站点数量	N	
室外健身场地比例	%	
室内健身场地比例	%	
电动汽车充电桩比例	%	
装饰性构件造价比例	%	
可再生能源提供的生活用热水	m³	
可再生能源提供生活用热水比例	%	
可再生能源提供的空调用冷量和热量	GJ/a	
可再生能源提供的空调用冷量和热量比例	%	
可再生能源提供的电量	kW·h/a	
可再生能源提供的电量比例	%	
装修工业化内装部品占比 50% 以上的种数		

关键评价指标情况		
指标	单位	数据（保留两位小数）
可再利用和可再循环材料利用率	%	
利废材料选用数量及比例		
绿色建材应用比例	%	
场地年径流总量控制率	%	
工业化预制构件比例	%	
卫生器具用水效率等级		
非传统水源用水量占总用水量的比例	%	
居住建筑还需填写以下指标：		
人均用地面积	m²	
地下建筑面积与地上建筑面积比	%	
通风开口面积与房间地板面积之比	%	
公共建筑还需填写以下指标：		
平均自然通风换气次数	h⁻¹	
地下建筑面积与总用地面积比	%	
地下一层建筑面积与总用地面积的比	%	
冷、热源机组能效提升幅度	%	
其他指标达标情况		
全装修		
防潮防坠		
配套服务		
公共建筑绿地向公众开放		
垃圾分类		

三、推荐

三星级绿色建筑项目应由省级住房和城乡建设部门负责组织推荐，并报住房和城乡建设部。二星级和一星级绿色建筑推荐规则由省级住房和城乡建设部门制定。

四、审查

住房和城乡建设部门应对申报推荐绿色建筑标识项目进行形式审查，主要审查以下内容：

（1）申报单位和项目是否具备申报条件。

（2）申报材料是否齐全、完整、有效。形式审查期间可要求申报单位补充一次材料。住房和城乡建设部门在形式审查后，应组织专家审查，按照绿色建筑评价标准审查绿色建筑性能，确定绿色建筑等级。对于审查中无法确定的项目技术内容，可组织专家进行现场核查。

五、 公示

审查结束后，住房和城乡建设部门应在门户网站进行公示。公示内容包括项目所在地、类型、名称、申报单位、绿色建筑星级和关键技术指标等。公示期不少于 7 个工作日。对公示项目的署名书面意见必须核实情况并处理异议。对于公示无异议的项目，住房和城乡建设部门应印发公告，并授予证书。

六、 证书

绿色建筑标识证书编号由地区编号、星级、建筑类型、年份和当年认定项目序号组成，中间用"-"连接。地区编号按照行政区划排序，从北京 01 编号到新疆 31，新疆生产建设兵团编号 32。建筑类型代号分别为公共建筑 P、住宅建筑 R、工业建筑 I、混合功能建筑 M。例如，北京 2020 年认定的第 1 个 3 星级公共建筑项目，证书编号为 NO. 01 - 3 - P - 2020 - 1。

任务三　绿色建筑标识管理

任务导入

为加强绿色建筑标识认定工作权力运行制约监督机制建设，科学设计工作流程和监督方法，明确管理责任事项和监督措施，切实防控廉政风险，住房和城乡建设部出台了相应的管理办法，明确了绿色建筑标识工作中典型风险问题的整改措施，以唤起相关方的重视。

任务目标

掌握绿色建筑标识需整改和撤销的不同情况。

住房和城乡建设部门应加强绿色建筑标识认定工作权力运行制约监督机制建设，科学设计工作流程和监管方式，明确管理责任事项和监督措施，切实防控廉政风险。地方住房和城乡建设部门未按国家标准或与国家标准相对应的地方标准开展认定的，住房和城乡建设部将责令限期整改。到期整改不到位的，将通报批评并撤销以该地方标准认定的全部绿色建筑标识。

获得绿色建筑标识的项目运营单位或业主，应强化绿色建筑运行管理，加强运行指标与申报绿色建筑星级指标比对，每年将年度运行主要指标上报绿色建筑标识管理信息系统。住房和城乡建设部门发现获得绿色建筑标识项目存在以下任一问题，应提出限期整改要求，整改期限不超过 2 年：项目低于已认定绿色建筑星级；项目主要性能低于绿色建筑标识证书的指标；利用绿色建筑标识进行虚假宣传；连续两年以上不如实上报主要指标数据。

> 提示：　掌握绿色建筑标识需整改和撤销的情况。

住房和城乡建设部门发现获得绿色建筑标识项目存在以下任一问题，应撤销绿色建筑标识，并收回标牌和证书：整改期限内未完成整改；伪造技术资料和数据获得绿色建筑标识；发生重大安全事故。

参与绿色建筑标识认定的专家应坚持公平公正，回避与自己有连带关系的申报项目。对违反评审规定和评审标准的，视情节计入个人信用记录，并从专家库中清除。项目建设单位或使用者对认定结果有异议的，可依法申请行政复议或者提起行政诉讼。

项目二　我国绿色建筑评价标准

任务一　我国绿色建筑标准体系

📇 任务导入

本任务将带读者概览中国绿色建筑评价标准体系，从不同类型类型建筑的评价标准和不同阶段建筑的评价标准两方面展开，引导读者在概览整个体系的基础上，合理选择不同类型不同阶段的评价标准。

📖 任务目标

了解我国绿色建筑评价标准体系的构成，针对不同类型不同阶段的建筑，合理选择适用的标准。

我国现行的绿色建筑评价标准按照评价对象的不同可分为：《绿色建筑评价标准》（GB/T 50378—2019）、《绿色商店建筑评价标准》（GB/T 51100—2015）、《绿色医院建筑评价标准》（GB/T 51153—2015）、《绿色博览建筑评价标准》（GB/T 51148—2016）、《绿色办公建筑评价标准》（GB/T 50908—2013）、《绿色饭店建筑评价标准》（GB/T 51165—2016）、《既有建筑绿色改造评价标准》（GB/T 51141—2015）、《绿色工业建筑评价标准》（GB/T 50878—2013）、《绿色生态城区评价标准》（GB/T 51255—2017）、《绿色校园评价标准》（GB/T 51356—2019）（图 6 - 3）。按评价阶段的不同可分为：设计阶段的《绿色建

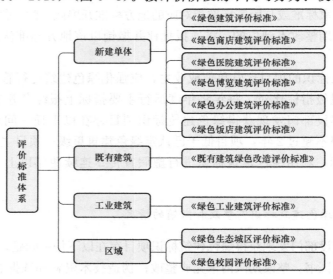

图 6 - 3　不同类型绿色建筑评价标准

筑评价标准》（GB/T 50378—2019）、《民用建筑绿色设计规范》（JGJ/T 229—2010）、《民用建筑绿色性能计算标准》（JGJ/T 449—2018）；施工阶段的《建筑与市政工程绿色施工评价标准》（GB/T 50640—2023）、《建筑工程绿色施工规范》（GB/T 50905—2014）；改造阶段的《既有建筑绿色改造评价标准》（GB/T 51141—2015）、《既有社区绿色化改造技术标准》（JGJ/T 425—2017）；运营阶段的《绿色建筑运行维护技术规范》（JGJ/T 391—2016）（图 6-4）。

评价标准
《绿色建筑评价标准》GB/T
50378等10部标准

设计阶段
《民用建筑绿色设计规范》JGJ/T 229—2010
《民用建筑绿色性能计算标准》（JGJ/T 449—2018）

施工阶段
《建筑工程绿色施工评价标准》GB/T 50640—2010
《建筑工程绿色施工规范》GB/T 50905—2014

改造阶段
《既有建筑绿色改造评价标准》GB/T 51141—2015等
《既有社区绿色化改造技术规程》（JGJ/T 425—2017）

运营阶段
《绿色建筑运行维护技术规范》JGJT 391—2016

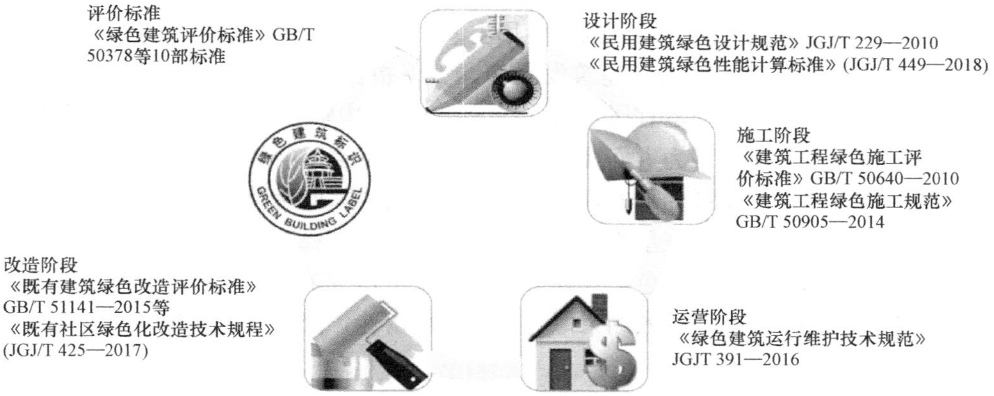

图 6-4　不同阶段绿色建筑评价标准

任务二　《绿色建筑评价标准》解读

任务导入

我国绿色建筑评价标识是依据我国国家标准《绿色建筑评价标准》和《绿色建筑评价技术细则》对建筑物进行相关评价和信息性标识。因此，深入学习《绿色建筑评价标准》，理解绿色建筑的概念原则，掌握绿色建筑的指标体系、评定方法与等级划分，是学习绿色建筑评价的核心。

任务目标

深入理解绿色建筑的内涵与原则，综合掌握绿色建筑评价指标、评价方法与等级划分，培养详细解读规范的能力。

一、概述

《绿色建筑评价标准》（GB/T 50378—2019）由最初的 2006 版先后经历了 2014 和 2019 两次改版。不断适应我国绿色建筑的发展需求。《绿色建筑评价标准》（GB/T 50378—2019）以下简称《绿色建筑评价标准》，重新构建了绿色建筑评价技术指标体系，调整了绿色建筑的评价时间节点，增加了绿色建筑等级，拓展了绿色建筑内涵，提高了绿色建筑性能要求。

☞思政小贴士： 相较于前两版"四节一环保"的绿色建筑指标体系，新版绿建标准，结合新时代新要求，以百姓为视角，以性能为导向，构建了具有中国特色和时代特色的新的绿色建筑指标。充分体现了为人们提供健康、适用、高效使用空间的初衷，提高普通民众对绿色建筑的可感知性，适应社会主要矛盾的变化。最大限度地实现人与自然和谐共生。

《绿色建筑评价标准》将绿色建筑定义为：在全生命周期内，节约资源，保护环境，减少污染，为人们提供健康、适用、高效的使用空间，最大限度地实现人与自然和谐共生的高质量建筑。体现了以人为本的绿色建筑发展理念。将指标体系构建为：安全耐久、健康舒适、生活便利、资源节约、环境宜居五类（图6-5）。其中资源节约又分为节地节能节水节材四类分项指标。充分体现了为人们提供健康、高效使用空间的初衷，以及最大限度地实现人与自然和谐共生可持续发展的目的，提升绿色建筑的实际使用性能。国标将绿色建筑划分为基础级、一星级、二星级、三星级4个等级，有效考虑了我国绿色建筑地域发展的不平衡和与国际的接轨。国标要求，绿色建筑评价应在建筑工程竣工后进行。在建筑工程施工图设计完成后可进行预评价。从而有效约束绿色建筑技术落地，保证绿色建筑性能实现。

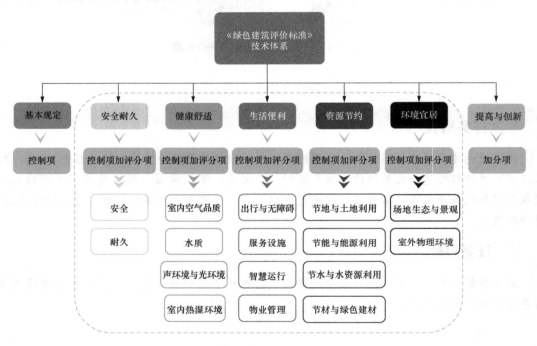

图6-5 《绿色建筑评价标准》主要技术指标体系

《绿色建筑评价标准》突出强调因地制宜的基本原则。强调绿色建筑评价应遵循因地制宜的原则，结合建筑所在地域的气候、环境、资源、经济和文化等特点。对建筑全寿命周期内的安全耐久、健康舒适、生活便利、资源节约、环境宜居等性能进行综合评价。

二、 绿色建筑的评价与等级划分

绿色建筑评价指标体系由安全耐久、健康舒适、生活便利、资源节约、环境宜居五类指标组成，且每类指标均包括控制项和评分项。为了鼓励绿色建筑采用提高创新的建筑技术和产品，建造更高性能的绿色建筑，评价指标体系还统一设置提高与创新加分项，如图 6-6 所示，具体各指标分值构成见表 6-2。控制项的评定结果是达标或不达标；评分项和加分项的评定结果为分值。控制项是绿色建筑的必要条件，当建筑项目满足本标准全部控制项的要求时绿色建筑的等级即达到基本级。参照《绿色建筑评价标准》掌握绿色建筑评价指标体系的构成条文分类、分值权重及得分计算方法。

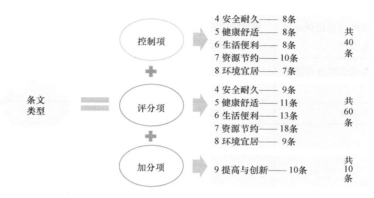

图 6-6　《绿色建筑评价标准》主要技术指标分类及构成

表 6-2　　　　　　　《绿色建筑评价标准》各类技术指标分值构成

	控制项分值 Q_0	评价指标评分项满分值					提高与创新 Q_A
		安全耐久 Q_1	健康舒适 Q_2	生活便利 Q_3	资源节约 Q_4	环境宜居 Q_5	
预评价分值	400	100	100	70	200	100	100
评价分值	400	100	100	100	200	100	100

根据上述评价分值构成，绿色建筑评价的总得分按下式进行计算：

$$Q = (Q_0 + Q_1 + Q_2 + Q_3 + Q_4 + Q_5 + Q_A)/10$$

式中　Q——总得分；

　　Q_0——控制项基础分值，当满足所有控制项的要求时取 400 分；

$Q_1 \sim Q_5$——分别为评价指标体系 5 类指标（安全耐久、健康舒适、生活便利、资源节约、环境宜居）评分项得分；

　　Q_A——提高与创新加分项得分。

三、　星级基本要求及评定

一星级、二星级、三星级 3 个等级的绿色建筑均应满足全部控制项的要求，且每类指标的评分项得分不应小于其评分项满分值的 30%；一星级、二星级、三星级 3 个等级的绿色建筑均应进行全装修，全装修工程质量、选用材料及产品质量应符合国家现行有关标准的规定；当总得分分别达到 60 分、70 分、85 分且应满足表 6-3 的要求时绿色建筑等级分别为一星级、二星级、三星级。当对绿色建筑进行星级评定时，首先应该满足标准规定的全部控制项要求，同时规定了每类评分项的最低得分要求，以保证绿色建筑的性能均衡。按上述公式计算绿色建筑总得分，当总得分分别达到 60 分、70 分、85 分且满足表 6 - 3 要求时，绿色建筑等级分别为一星级、二星级、三星级。

> 提示：掌握绿色建筑不同星级的基本要求与评定方法。

表 6 - 3　　　　　　　　　一星级、二星级、三星级绿色建筑的技术要求

	一星级	二星级	三星级
围护结构热工性能的提高比例或建筑供暖空调负荷降低比例	围护结构提高 5%；负荷降低 5%	围护结构提高 10%；负荷降低 10%	围护结构提高 20%；负荷降低 15%
严寒和寒冷地区住宅建筑外窗传热系数降低比例	5%	10%	20%
节水器具用水效率等级	3 级	2 级	
住宅建筑隔声性能	—	室外与卧室之间、分户墙（楼板）两侧卧室之间的空气声隔声性能以及卧室楼板的撞击声隔声性能达到低限标准限值和高要求标准限值的平均值	室外与卧室之间、分户墙（楼板）两侧卧室之间的空气声隔声性能以及卧室楼板的撞击声隔声性能达到高要求标准限值
室内主要空气污染物浓度降低比例	10%	20%	
外窗气密性能	符合国家现行相关节能设计标准的规定，且外窗洞口号外窗本体的结喉事部位应严密		

项目三　国外主要绿色建筑认证标准体系简介

任务一　了解典型国际绿色建筑评价体系

📋 任务导入

从 20 世纪 90 年代起，国际上许多国家都相继推出了适合本国国情发展的绿色建筑评价体系。本任务仅对典型几个认证体系的发展历程、概况及影响等做简要介绍，以期抛砖引玉。

📚 任务目标

了解国际上典型的绿色建筑认证体系概况。

从 20 世纪 90 年代起，国际上许多国家都相继推出了适合本国国情发展的绿色评价体系包括美国的 LEED、英国的 BREEAM、日本的 CASBEE、澳大利亚的 Green Star 等。其中认证最早的是英国的 BRREAM，现已过渡到 CCHH（零碳住宅评价标准）；认证最广的是

美国的 LEED，跨越 91 个国家。

一、美国 LEED 认证体系

美国 LEED 认证体系是全世界运用最广泛的绿色建筑认证标准体系，在美国的 50 个州和世界上 175 个国家和地区都有该体系认证项目。LEED 认证体系最早发布于 1998 年，现在执行的是 4.1 版本，其版块包括建筑设计和建造、室内设计和建造以及建筑运行维护。建筑类型包括住宅建筑、城市和社区以及再认证。

美国 LEED 绿色建筑标准于 2005 年首次进入中国。截至 2020 年，LEED 中国认证项目总数达 3060 个，总面积达 1.15 亿 m^2。连续 5 年蝉联 LEED 海外认证排行榜榜首。我国是美国之外 LEED 认证面积最大的一个国家。

二、英国 BREEAM 认证体系

英国 BREEAM 认证体系是世界上第一个绿色建筑评估体系，由英国建筑研究所（BRE）于 1990 年制定。BREEAM 认证在全球 89 个国家被采用。自 1990 年以来，在欧洲绿色建筑认证市场份额超过了 80%，并在亚洲和美洲迅速扩大，全球超过 200 万栋建筑注册了 BREEAM 认证，帮助数千家企业改善了工作环境和建筑能效。英国 BREEAM 认证体系包括奥地利、德国、西班牙、荷兰、挪威、瑞典和英国等多国语言版本。其标准体系包括新建建筑、建筑改造、运行维护、社区、基础设施和高品质住宅。

BREEAM 认证建筑类型包括住宅和公寓、教育、交通场站、酒店、社区、体育场馆、政务中心等。它有国际版本，包括新建建筑、改造和装修、运营维护和绿色社区。BREE-AM 认证体系于 2016 年首次进入中国，截至 2020 年 11 月，已有超过 900 栋建筑进行了注册，累计建筑面积达 2500 万 m^2，并有超过 680 栋建筑获得了 BREEAM 认证，典型认证案例包括中粮·置地广场等。

三、澳大利亚 Green Star 和 NABERS

澳大利亚主要有两种绿色建筑评估体系，一个是澳大利亚绿色建筑协会（GBCA）的绿色之星（Green Star），另一个是澳大利亚国家建筑环境评估（NABERS）。

澳大利亚 Green Star 认证体系是由澳大利亚绿色建筑协会管理的，主要是为了打造健康、宜居、高效、舒适和可持续的澳大利亚绿色建筑。其会员有 600 多家机构，包括政府部门、业主、开发商、咨询单位、制造企业、施工单位、高校、研究机构等。其评价体系包括绿色社区、绿色建筑设计和施工、绿色室内装修和运营维护。

澳大利亚国家建筑环境评价标准（NABERS）类似于国家标准，于 2001 年首次发布。2010 年之后，澳大利亚要求，在买卖或租赁大型办公建筑（面积在 2000 m^2 或以上）时，卖方或出租人必须出具建筑的 NABERS 能源利用的认证。NABERS 评价标准体系的建筑类型包括办公建筑、租赁办公室、公寓、购物中心、公立医院、酒店、居家养老中心、退休生活建筑以及数据中心。NABERS 是一种六星评价标准体系，针对不同类型建筑，分别开发了能源利用、水利用、垃圾处理、室内环境、碳中和 5 个评价标准，每个标准均可单独使用，并分别颁发相应的认证证书。

四、德国 DGNB 认证体系

德国 DGNB 认证体系由德国可持续建筑委员会与德国政府于 2007 年共同开发编制。该

认证体系包含绿色生态、建筑经济、建筑功能与社会文化等各方面因素。其覆盖建筑行业整个产业链，以确保达到业主及使用者最关心的建筑性能为核心，致力于为建筑行业未来发展指明方向。该认证体系的建筑评价标准体系包括新建建筑、既有建筑改造、建筑运行、室内装修，区域评价标准体系包括社区、商务区、休闲度假区、体育场馆、工业厂址以及商业区、城市垂直空间。德国 DGNB 认证体系包括 6 大性能：生活质量、经济质量、社会功能质量、技术质量、过程质量和场地质量。

五、日本 CASBEE 认证体系

首个 CASBEE 标准发布于 2003 年 7 月，最先把"建筑环境效率"引入评价体系中，对环境质量（Q）、环境负荷（L）两方面进行评价。其绿色建筑认证体系包括住宅系、建筑系、街区系和都市系 4 个大的体系。指标体系，一级指标包括建筑环境品质以及建筑环境负荷减量两个指标，二级指标包括室内环境、服务质量、场地室外环境、能源、资源和材料、场外环境。

六、法国 HQE 认证体系

HQE 认证体系主要关注：节能和碳排放、水资源管理、材料选择、健康和舒适性、土地和城市规划、废物管理、运营和管理等方面。在中国目前拥有 3 个已认证项目。其中青岛西海岸·创新科技城体验中心是首个获得 HQE 卓越级和中国健康建筑二星级设计标识双认证的项目。

学习情境七　我国发展绿色建筑的前景和优势

我国正处于城镇化和工业化的快速发展时期，建筑存量大，新建建筑多，地理气候特征多样化，加上与自然和谐相处的传统建筑文化，发展绿色建筑，具有巨大的潜力和独特的优势。碳达峰、碳中和，这两个词也被写入政府工作报告中。所谓碳达峰即是以二氧化碳为衡量标准的温室气体达到历史最高值，而后开始陆续下降。碳中和即是排放的温室气体通过植树造林、节能减排等形式，抵消自身产生的二氧化碳排放量，实现二氧化碳"零排放"。我国承诺在 2030 年前实现碳达峰，2060 年前实现碳中和。

☞思政小贴士：　为了人类能有得以长久生存的高质量生态环境，碳达峰碳中和是每个人不可磨灭的责任和担当。碳中和目标的实现和我们每个个体都息息相关。及时关电脑、打开一扇窗、自备购物袋、种一棵树，每个人都可以在日常生活中留意，也许随手做的一件小事，就能为碳中和和碳减排贡献自己的力量，爱护地球是每个人的责任。

项目一　我国绿色建筑发展目标和任务

任务一　了解我国绿色建筑发展基础

任务导入

了解我国绿色建筑发展基础是探讨我国绿色建筑前景和优势的重要一步。我国绿色建筑发展基础包括政策法规的支持、技术研发的进展、市场需求的提升等多个方面。本任务将介绍我国绿色建筑发展的基础情况，包括政策法规的支持程度、绿色建筑标准的制定和推广、绿色建筑技术的研发和应用等。

任务目标

通过学习本任务内容，读者将能够了解我国绿色建筑发展的基础情况，了解我国在绿色建筑领域的政策支持力度，以及相关标准和规范的制定和推广情况。同时，读者还将了解到我国绿色建筑技术研发和应用的进展，以及市场对绿色建筑的需求情况。通过了解我国绿色建筑发展的基础情况，读者将能够更好地评估我国绿色建筑的前景和优势。

"十三五"期间，我国建筑节能与绿色建筑发展取得重大进展。绿色建筑实现跨越式发展，法规标准不断完善，标识认定管理逐步规范，建设规模增长迅速。城镇新建建筑节能标准进一步提高，超低能耗建筑建设规模持续增长，近零能耗建筑实现零的突破。公共建筑能效提升持续推进，重点城市建设取得新进展，合同能源管理等市场化机制建设取得初步成效。既有居住建筑节能改造稳步实施，农房节能改造研究不断深入。可再生能源应用规模持续扩大，太阳能光伏装机容量不断提升，可再生能源替代率逐步提高。装配式建筑快速发展，政策不断完善，示范城市和产业基地带动作用明显。绿色建材评价认证和推广应用稳步推进，政府采购支持绿色建筑和绿色建材应用试点持续深化。

"十三五"期间，严寒寒冷地区城镇新建居住建筑节能达到75%，累计建设完成超低、近零能耗建筑面积近0.1亿 m²，完成既有居住建筑节能改造面积5.14亿 m²、公共建筑节能改造面积1.85亿 m²，城镇建筑可再生能源替代率达到6%。截至2020年底，全国城镇新建绿色建筑占当年新建建筑面积比例达到77%，累计建成绿色建筑面积超过66亿 m²，累计建成节能建筑面积超过238亿 m²，节能建筑占城镇民用建筑面积比例超过63%，全国新开工装配式建筑占城镇当年新建建筑面积比例为20.5%。国务院确定的各项工作任务和"十三五"建筑节能与绿色建筑发展规划目标圆满完成。

"十四五"时期是开启全面建设社会主义现代化国家新征程的第一个五年，是落实2030年前碳达峰、2060年前碳中和目标的关键时期，建筑节能与绿色建筑发展面临更大挑战，同时也迎来重要发展机遇。

任务二　熟悉我国绿色建筑发展目标和任务

任务导入

熟悉我国绿色建筑发展目标和任务是了解我国绿色建筑前景和优势的关键一步。我国在绿色建筑领域制定了一系列发展目标和任务，旨在推动绿色建筑的广泛应用，提升建筑节能环保水平，促进可持续发展。本任务将介绍我国绿色建筑发展的目标和任务，包括建筑节能减排目标、绿色建筑示范项目建设、绿色建筑技术创新等。

任务目标

通过学习本任务内容，读者将能够熟悉我国绿色建筑发展的目标和任务。读者还将了解到我国在绿色建筑发展过程中所面临的任务，如绿色建筑技术创新、绿色建筑标准制定和推广等。通过熟悉我国绿色建筑发展的目标和任务，读者将能够更好地了解我国绿色建筑的前景和优势，为推动绿色建筑的发展提供指导和支持。

一、　绿色建筑发展目标

（一）总体目标

到2025年，城镇新建建筑全面建成绿色建筑，建筑能源利用效率稳步提升，建筑用能结构逐步优化，建筑能耗和碳排放增长趋势得到有效控制，基本形成绿色、低碳、循环的建设发展方式，为城乡建设领域 2030 年前碳达峰奠定坚实基础。

（二）具体目标

到 2025 年，完成既有建筑节能改造面积 3.5 亿 m² 以上，建设超低能耗、近零能耗建筑 0.5 亿 m² 以上，装配式建筑占当年城镇新建建筑的比例达到 30％，全国新增建筑太阳能光伏装机容量 0.5 亿千瓦以上，地热能建筑应用面积 1 亿 m² 以上，城镇建筑可再生能源替代率达到 8％，建筑能耗中电力消费比例超过 55％。"十四五"时期建筑节能和绿色建筑发展具体指标见表 7 - 1。

表 7 - 1　　　　　"十四五"时期建筑节能和绿色建筑发展具体指标

主要指标	2025 年
既有建筑节能改造面积（亿 m²）	3.5
建设超低能耗、近零能耗建筑面积（亿 m²）	0.5
城镇新建建筑中装配式建筑比例	30％
新增建筑太阳能光伏装机容量（亿 kW）	0.5
新增地热能建筑应用面积（亿 m²）	1.0
城镇建筑可再生能源替代率	8％
建筑能耗中电力消费比例	55％

注　表中指标均为预期性指标。

二、绿色建筑重点任务

（一）提升绿色建筑发展质量

1. 加强高品质绿色建筑建设

推进绿色建筑标准实施，加强规划、设计、施工和运行管理。倡导建筑绿色低碳设计理念，充分利用自然通风、天然采光等，降低住宅用能强度，提高住宅健康性能。推动有条件地区政府投资公益性建筑、大型公共建筑等新建建筑全部建成星级绿色建筑。地方制定支持政策，推动绿色建筑规模化发展，鼓励建设高星级绿色建筑。降低工程质量通病发生率，提高绿色建筑工程质量。开展绿色农房建设试点。

2. 完善绿色建筑运行管理制度

加强绿色建筑运行管理，提高绿色建筑设施、设备运行效率，将绿色建筑日常运行要求纳入物业管理内容。建立绿色建筑用户评价和反馈机制，定期开展绿色建筑运营评估和用户满意度调查，不断优化提升绿色建筑运营水平。鼓励建设绿色建筑智能化运行管理平台，充分利用现代信息技术，实现建筑能耗和资源消耗、室内空气品质等指标的实时监测与统计分析。

（二）提高新建建筑节能水平

以《建筑节能与可再生能源利用通用规范》确定的节能指标要求为基线，启动实施我国新建民用建筑能效"小步快跑"提升计划，分阶段、分类型、分气候区提高城镇新建民用建筑节能强制性标准，重点提高建筑门窗等关键部位节能性能要求，推广地区适应性强、防火等级高、保温隔热性能好的建筑保温隔热系统。推动政府投资公益性建筑和大型公共建筑提高节能标准，严格管控高耗能公共建筑建设。在京津冀及周边地区、长三角等有条件地区全面推广超低能耗建筑，鼓励政府投资公益性建筑、大型公共建筑、重点功能区内新建建筑执行超低能耗建筑、近零能耗建筑标准。到 2025 年，建设超低能耗、近零能耗建筑示范项目 0.5 亿 m² 以上。

根据我国门窗技术现状、技术发展方向，提出不同气候地区门窗节能性能提升目标，推动高性能门窗应用。因地制宜增设遮阳设施，提升遮阳设施安全性、适用性、耐久性。

（三）加强既有建筑节能绿色改造

1. 提高既有居住建筑节能水平

除违法建筑和经鉴定为危房且无修缮保留价值的建筑外，不大规模、成片集中拆除现状建筑。在严寒及寒冷地区，结合北方地区冬季清洁取暖工作，持续推进建筑用户侧能效提升改造、供热管网保温及智能调控改造。在夏热冬冷地区，适应居民采暖、空调、通风等需求，积极开展既有居住建筑节能改造，提高建筑用能效率和室内舒适度。在城镇老旧小区改造中，鼓励加强建筑节能改造，形成与小区公共环境整治、适老设施改造、基础设施和建筑使用功能提升改造统筹推进的节能、低碳、宜居综合改造模式。居民在更换门窗、空调、壁挂炉等部品及设备时，采购高能效产品。

2. 推动既有公共建筑节能绿色化改造

强化公共建筑运行监管体系建设，统筹分析应用能耗统计、能源审计、能耗监测等数据信息，开展能耗信息公示及披露试点，普遍提升公共建筑节能运行水平。各地分类制定公共建筑用能（用电）限额指标，开展建筑能耗比对和能效评价，逐步实施公共建筑用能管理。持续推进公共建筑能效提升重点城市建设，加强用能系统和围护结构改造。推广应用建筑设施设备优化控制策略，提高采暖空调系统和电气系统效率，加快 LED 照明灯具普及，采用电梯智能群控等技术提升电梯能效。建立公共建筑运行调适制度，推动公共建筑定期开展用能设备运行调适，提高能效水平。

（四）推动可再生能源应用

1. 推动太阳能建筑应用

根据太阳能资源条件、建筑利用条件和用能需求，统筹太阳能光伏和太阳能光热系统建筑应用，宜电则电，宜热则热。推进新建建筑太阳能光伏一体化设计、施工、安装，鼓励政府投资公益性建筑加强太阳能光伏应用。加装建筑光伏的，应保证建筑或设施结构安全、防火安全，并应事先评估建筑屋顶、墙体、附属设施及市政公用设施上安装太阳能光伏系统的潜力。建筑太阳能光伏系统应具备即时断电并进入无危险状态的能力，且应与建筑本体牢固连接，保证不漏水不渗水。不符合安全要求的光伏系统应立即停用，弃用的建筑太阳能光伏系统必须及时拆除。开展以智能光伏系统为核心，以储能、建筑电力需求响应等新技术为载体的区域级光伏分布式应用示范。在城市酒店、学校和医院等有稳定热水需求的公共建筑中积极推广太阳能光热技术。在农村地区积极推广被动式太阳能房等适宜技术。

2. 加强地热能等可再生能源利用

推广应用地热能、空气热能、生物质能等解决建筑采暖、生活热水、炊事等用能需求。鼓励各地根据地热能资源及建筑需求，因地制宜推广使用地源热泵技术。对地表水资源丰富的长江流域等地区，积极发展地表水源热泵，在确保 100％回灌的前提下稳妥推广地下水源热泵。在满足土壤冷热平衡及不影响地下空间开发利用的情况下，推广浅层土壤源热泵技术。在进行资源评估、环境影响评价基础上，采用梯级利用方式开展中深层地热能开发利用。在寒冷地区、夏热冬冷地区积极推广空气热能热泵技术应用，在严寒地区开展超低温空气源热泵技术及产品应用。合理发展生物质能供暖。

（五）实施建筑电气化工程

充分发挥电力在建筑终端消费清洁性、可获得性、便利性等优势，建立以电力消费为核心的建筑能源消费体系。夏热冬冷地区积极采用热泵等电采暖方式解决新增采暖需求。开展新建公共建筑全电气化设计试点示范。在城市大型商场、办公楼、酒店、机场航站楼等建筑中推广应用热泵、电蓄冷空调、蓄热电锅炉。引导生活热水、炊事用能向电气化发展，促进高效电气化技术与设备研发应用。鼓励建设以"光储直柔"为特征的新型建筑电力系统，发展柔性用电建筑。新型建筑电力系统以"光储直柔"为主要特征，"光"是在建筑场地内建设分布式、一体化太阳能光伏系统，"储"是在供配电系统中配置储电装置，"直"是低压直流配电系统，"柔"是建筑用电具有可调节、可中断特性。新型建筑电力系统可以实现用电需求灵活可调，适应光伏发电大比例接入，使建筑供配电系统简单化、高效化。

（六）推广新型绿色建造方式

大力发展钢结构建筑，鼓励医院、学校等公共建筑优先采用钢结构建筑，积极推进钢结构住宅和农房建设，完善钢结构建筑防火、防腐等性能与技术措施。在商品住宅和保障性住房中积极推广装配式混凝土建筑，完善适用于不同建筑类型的装配式混凝土建筑结构体系，加大高性能混凝土、高强钢筋和消能减震、预应力技术的集成应用。因地制宜发展木结构建筑。推广成熟可靠的新型绿色建造技术。完善装配式建筑标准化设计和生产体系，推行设计选型和一体化集成设计，推广少规格、多组合设计方法，推动构件和部品部件标准化，扩大标准化构件和部品部件使用规模，满足标准化设计选型要求。积极发展装配化装修，推广管线分离、一体化装修技术，提高装修品质。

（七）促进绿色建材推广应用

加大绿色建材产品和关键技术研发投入，推广高强钢筋、高性能混凝土、高性能砌体材料、结构保温一体化墙板等，鼓励发展性能优良的预制构件和部品部件。在政府投资工程率先采用绿色建材，显著提高城镇新建建筑中绿色建材应用比例。优化选材提升建筑健康性能，开展面向提升建筑使用功能的绿色建材产品集成选材技术研究，推广新型功能环保建材产品与配套应用技术。

（八）推进区域建筑能源协同

推动建筑用能与能源供应、输配响应互动，提升建筑用能链条整体效率。开展城市低品位余热综合利用试点示范，统筹调配热电联产余热、工业余热、核电余热、城市中垃圾焚烧与再生水余热及数据中心余热等资源，满足城市及周边地区建筑新增供热需求。在城市新区、功能区开发建设中，充分考虑区域周边能源供应条件、可再生能源资源情况、建筑能源需求，开展区域建筑能源系统规划、设计和建设，以需定供，提高能源综合利用效率和能源基础设施投资效益。开展建筑群整体参与的电力需求响应试点，积极参与调峰填谷，培育智慧用能新模式，实现建筑用能与电力供给的智慧响应。推进源－网－荷－储－用协同运行，增强系统调峰能力。

（九）推动绿色城市建设

开展绿色低碳城市建设，树立建筑绿色低碳发展标杆。在对城市建筑能源资源消耗、碳排放现状充分摸底评估基础上，结合建筑节能与绿色建筑工作情况，制定绿色低碳城市建设实施方案和绿色建筑专项规划，明确绿色低碳城市发展目标和主要任务，确定新建民用建筑的绿色建筑等级及布局要求。推动开展绿色低碳城区建设，实现高星级绿色建筑规模化发展，推动超低能耗建筑、零碳建筑、既有建筑节能及绿色化改造、可再生能源建筑应用、装配式建筑、区域建筑能效提升等项目落地实施，全面提升建筑节能与绿色建筑发展水平。

项目二　我国发展绿色建筑的前景和优势

以城镇民用建筑作为创建对象，引导新建建筑、改扩建建筑、既有建筑按照绿色建筑标准设计、施工、运行及改造。到 2025 年，城镇新建建筑全面执行绿色建筑标准，建成一批高质量绿色建筑项目，人民群众体验感、获得感明显增强。

采取"强制＋自愿"推广模式，适当提高政府投资公益性建筑、大型公共建筑以及重点功能区内新建建筑中星级绿色建筑建设比例。引导地方制定绿色金融、容积率奖励、优先评奖等政策，支持星级绿色建筑发展。住建部和国务院发改委共同印发《城乡建设领域碳达峰实施方案》，明确提出要全面提高绿色低碳建筑水平，到 2025 年星级绿色建筑占比达到 30％以上，新建政府投资公益性公共建筑和大型公共建筑全部达到一星级以上。绿色建筑不能单凭图纸或者听说来判断绿色建筑的星级，而要在建筑实际运行一两年后，实际考察其耗电量、居住舒适度等指标，最终根据使用效果产生一个清晰的评估，用这种方法指导盖房子就会变得简单得多，也会使建筑更加节能和绿色。

任务一　了解我国绿色建筑发展前景

📋 任务导入

本任务重点了解我国绿色建筑发展的前景。

📚 任务目标

1. 了解我国绿色建筑发展的背景和现状；
2. 掌握我国绿色建筑发展的重要性和意义；
3. 了解我国政府在绿色建筑领域的政策支持和引导；
4. 了解我国绿色建筑市场的发展趋势和规模；
5. 分析我国绿色建筑发展的优势和挑战。

一、我国发展绿色建筑的前景

（一）民众可以感知的绿色建筑

我国绿色建筑的发展需要大众化和普及化，让人民群众知道什么是绿色建筑，以及绿色建筑能带来什么好处。开发推广让人民群众能够认知、熟悉、监测、评价绿色建筑的手机软件，不仅普及绿色建筑知识，而且还可以激发住宅需求者和拥有者的行为节能。宣传推广的着重点放在绿色建筑给人民群众会带来的实际利益方面上，比如节能减排的经济性。经过测算，绿色建筑的新增成本，3～7 年内就能够收回，按照建筑寿命 50 年计算，居住者和拥有者平均可以享有 45 年的净得利期。更重要的是，绿色建筑会给居住者带来善待环境、健康舒适等心理生理价值认可。随着计算机技术的发展，可以将绿色建筑设计可视化和可比化。

（二）互联网＋绿色建筑

（1）设计互联网化。目前，我国引进或自主研发的建筑节能软件数量庞杂，但缺少整合的云计算平台。今后不仅要注重平台整合，还要在建筑新部件、绿色建材、新型材料、新工艺、管理营运新模式等方面大量应用数据化和网络化新技术。

（2）新部品、新部件、绿色建材、新型材料、新工艺互联网化。通过互联网，设计师们可以方便地找到各种符合当地气候条件或国家标准的新材料、新工艺和新技术，新型建筑材料的涌现，不仅安全性、防腐性、隔热性非常优异，还能够吸附有害的气体，甚至能够释放出有益于人们身体健康的气体，这些新材料通过互联网可以迅速地在建筑中得到应用。

（3）施工互联网化。未来的绿色建筑施工就像建造汽车那样实现产业化，整个过程由互联网进行严格监管，各部件、部品生产商与物流系统、施工现场、监理等"无缝"联结，使整个系统达到零库存、低污染、高质量和低成本，这是绿色建筑施工必然的发展方向。

（4）运营互联网化。引进物联网的概念，只要建筑内安装了相应的传感器，通过个人的智能手机就可方便地实现建筑的节能、节水或家电的遥控。

通过传感器，有关室内空气质量的 PM2.5、VOC、CO_2 浓度、湿度、温度等五项数据均可测量。如果把传感器与互联网相结合，由互联网的云计算平台进行统一校准，精度会大大提高。通过这样的系统感知，每个人都可以通过智能手机来对自己的住宅进行监测和操控。

任务二　了解我国发展绿色建筑的优势

任务导入

重点了解我国发展绿色建筑的优势。

任务目标

1. 了解我国发展绿色建筑的背景和现状；
2. 掌握我国发展绿色建筑的重要性和意义；
3. 了解我国绿色建筑的优势和特点；
4. 了解我国政府在绿色建筑领域的政策支持和引导；
5. 分析我国发展绿色建筑的优势和挑战。

一、　我国发展绿色建筑的优势

（一）国家高度重视绿色建筑发展，大力扶持绿色建筑

国家发展改革委等 10 部门印发《"十四五"全国清洁生产推行方案》，提出，到 2025

年，城镇新建建筑全面达到绿色建筑标准。绿色建筑正乘着政策的东风蓬勃发展，会在未来更加受到国家的重视。住房和城乡建设部印发《"十四五"建筑节能与绿色建筑发展规划》明确了提升绿色建筑发展质量、提高新建建筑节能水平、加强既有建筑节能绿色改造、推动可再生能源应用、实施建筑电气化工程、推广新型绿色建造方式、促进绿色建材推广应用、推进区域建筑能源协同、推动绿色城市建设等 9 个重点任务，以及健全法规标准体系、落实激励政策保障、加强制度建设、突出科技创新驱动、创新工程质量监管模式等 5 项保障措施。

（二）绿色建筑的市场前景值得期待

建筑耗能已经成为我国经济发展的软肋，政府工作报告提出，要积极推广绿色建筑和建材。在建筑领域高耗能问题亟待解决的当前，绿色建筑的市场前景值得期待。在政策持续推动、绿色建筑渗透目标不断提高的趋势下，我国绿色建筑增长趋势明确、动力充足。相信在国家政策和各行各业人士共同努力下，我国绿色建筑肯定会遍地开花，人们的生存空间会更加绿色、环保、节能和优美。

二、全球首个"光储直柔"建筑

中建科技全球首个运行中的"光储直柔"建筑位于深汕特别合作区中建绿色产业园内，如图 7-1 所示，该产业园共 8 个办公区域，建筑面积 2500m²。在 400 多平方米的办公楼屋顶，铺设了大量太阳能光伏发电装置，满足整栋建筑三分之一的用电。同时依托储能系统，还可将多余电量储备起来。

图 7-1 深汕特别合作区中建绿色产业园
注：全球首个"光储直柔"建筑案例详见第七章 绿色建筑案例 6-1 中建绿色产业园办公楼。

"光储直柔"是在建筑领域应用光伏发电、储能、直流配电、柔性用电四项碳达峰关键技术的简称，能够运用柔性用电管理系统，实现建筑用电的自我调节和自主优化。这意味着，大楼不仅是一座"绿色发电站"，也具有智能配输电功能，弥补了太阳能等绿能相对不稳定的短板，可为缓解电力的供需矛盾提供有效解决途径。

学习情境八 绿色建筑案例

案例 1 北京大兴国际机场

案例描述

北京大兴国际机场选址位于北京市大兴区南各庄与河北省固安县交界处，一期建设北航站区和北航站楼，总建筑面积约 140 万 m²，北航站区以年吞吐量 4500 万旅客为设计目标。从 2015 年 9 月开始建设，仅仅用了 4 年的时间建成，创造了 6 项世界第一：世界规模最大的单体机场航站楼；世界最大的采用隔震支座的机场航站楼；全球首座双层出发、双层到达的航站楼；全球第一座高铁从地下穿行的机场；世界最大的无结构缝一体化航站楼；世界施工技术难度最高的航站楼；全球首创"激光导航＋梳齿交换"式汽车搬运 AGV 机器人自动泊车。此外，新机场还拥有国内最大的地源热泵系统工程。

北京大兴国际机场航站楼工程是机场建设的核心工程，无论是工程的规模体量，还是技术的复杂程度，均为国际类似工程之最。它是目前世界最大的单体航站楼，世界最大的单体减隔震建筑，世界首座实现高铁下穿的机场航站楼，世界首座三层出发双层到达、实现便捷"三进两出"的航站楼。航站楼核心区是这项超级工程中结构最复杂、功能最强大、施工难度最大的部位。北京大兴国际机场航站楼采用了全新的功能布局和流程设计，采用集中式构型规划组织旅客人流，建筑设计上采用了超大平面布置，主航站楼首层混凝土楼板尺寸达 565m×437m，近似于方形，面积约 16 万 m²。主航站楼建筑面积为 60 万 m²，地下二层、地上四层（局部五层），屋盖投影面积达 18 万 m²，屋面最高点标高为 50.9m。室内呈超大平面、超大空间的建筑特点。航站楼鸟瞰图如图 8 - 1 所示。

一、 超大复杂基础工程高效精细化施工技术

主航站楼超大基坑地质复杂、工序多且相互影响大、施工组织难度大。基础施工利用 GNSS 快速动态单基站 RTK 测量技术，研发了超大平面大规模机械运行环境下桩位快速动态控制放样技术。该技术在桩基施工的复杂环境下经受住了考验，经过桩基开挖后的测量评定，精度满足设计和规范要求，节约了大量的人力物力，工程实施效果好；采取"外侧围降，内部疏干"的降水方案，规避了深槽区基础桩后压浆、支护锚杆施工对降水效果的影

图 8-1　北京大兴国际机场鸟瞰图效果

响；通过建立高精度 BIM 模型，解决了深区护坡桩锚杆与浅区基础桩的冲突问题；研发并成功应用二次劈裂注浆工艺，解决了泥炭质土层内锚杆锚拉力低的难题；在钻孔桩施工中，创新采用聚合物泥浆护壁和二次清孔施工工艺，解决了粉细砂层孔壁坍塌及沉渣厚度控制问题，提高了桩基施工效率，保证了桩基质量。

　　北京新机场航站楼地下共 2 层，地下二层为轨道区及站台，地下一层为轨道连接过厅及预留 APM 区，开挖面积约 16 万 m^2，其中深槽区开挖面积 11 万 m^2，开挖深度 18.4m。根据工程地质条件，需要进行基坑支护和降水。航站楼主体为全现浇钢筋混凝土框架结构，核心区轨道交通区域采用桩筏基础，非轨道区采用桩基独立承台＋防水板基础。图7-2为北京大兴国际机场负一层平面图（图 8-2）。

北京大兴国际机场航站楼(国内值机、国内安检、轨道交通站厅)
Beijing Daxing International Airport Terminal (Domestic Check-in, Domestic Security Check, Rail Transit Station Hall)

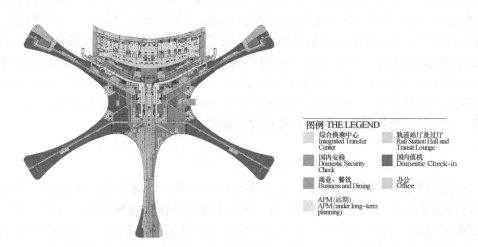

图例 THE LEGEND
综合换乘中心　　　　　　轨道站厅及过厅
Integrated Transfer　　　Rail Station Hall and
Center　　　　　　　　　Transit Lounge
国内安检　　　　　　　　国内值机
Domestic Security　　　　Domestic Check-in
Check
商业、餐饮　　　　　　　办公
Business and Dining　　　Office
APM (远期)
APM (under long-term
planning)

图 8-2　北京大兴国际机场负一层平面图

（一）工程地质概况

航站楼核心区基坑范围最大勘探深度 120m 范围内所揭露地层，按成因年代分为人工堆积层、一般第四纪新近沉积层、第四纪冲洪积层三大类，按地层岩性进一步分为 13 个大层及其亚层。

（1）人工堆积层：黏质粉土-砂质粉土填土层；

（2）新近沉积层：粉砂-砂质粉土层、有机质-泥炭质黏土-重粉质黏土层；

（3）第四纪冲洪积层：黏质粉土-砂质粉土层、细砂-粉砂层、粉质黏土-重粉质黏土层、细砂-中砂层、粉质黏土-重粉质黏土层、细砂层、粉质黏土-重粉质黏土层、细砂层、重粉质黏土-粉质黏土层、粉质黏土-重粉质黏土层。

有机质-泥炭质黏土-重粉质黏土层，在基坑开挖深度范围内广泛存在，厚度 3～5m，有机质含量 8.9%，压缩模量 4.98MPa，地勘报告建议该层土的锚杆极限黏结强度标准值为 20kPa。

该层土力学性质差，对基坑边坡支护尤其是锚杆施工不利；对地下水的疏排不利，其上部的滞水无法下渗，造成"疏不干"现象，在边坡开挖后极易形成渗水现象。

该层土是本项目基坑支护及降水需要重点考虑的对象。

（二）工程水文概况

现场共有 3 层地下水：

（1）上层滞水：含水层主要为粉砂-砂质粉土层及砂质粉土 3 层，透水性一般，水位埋深为 7.30～10.20m，容易在基坑侧壁形成渗水现象。

（2）层间潜水：普遍分布，含水层主要为细砂 2 层及细砂-粉砂层，透水性较好。水位埋深为 14.20～16.70m，在基底以上 1～2m，影响基坑开挖。

（3）承压水：含水层主要为细砂-粉砂 3 层及细砂-中砂层，透水性较好。稳定水位标高为-5.03m，承压水的水头高度 10m，位于基底以下，对基坑开挖无影响，但对基础桩施工有一定影响。

本项目基坑开挖面积约 16 万 m^2，其中深槽区占地面积 11 万 m^2，属于超大面积深基坑，降水施工难度较大。

（三）基础桩设计概况

（1）深槽轨道区采用桩筏基础，板顶标高-18.25m，板厚 2.5m；

（2）非轨道区（浅区）采用桩基独立承台+抗水板基础；

（3）基础桩共计 8273 根，其中：深槽轨道区 5981 根，桩长 40m 和 21m 两种规格，两侧浅区 2292 根，桩长 32～39m。

（4）基础桩采用旋挖钻孔灌注施工工艺，并在桩侧和桩端进行后注浆。桩基钢筋绑扎及检测如图 8-3、图 8-4 所示。

二、超大平面混凝土结构施工关键技术

主航站楼混凝土结构平面超长超宽，为此施工中创新应用了一系列"放""抗""防"相结合，以放为主的综合技术，对混凝土构件裂缝进行控制，主要措施有：①除间隔 40m 设置宽 1m 的一般施工后浇带外，另每隔 150m 设置宽 4～6m 钢筋断开的结构后浇带；②设置抗裂钢筋；③采用纤维混凝土；④使用补偿收缩混凝土（聚丙烯纤维、粉煤灰、USA 膨胀

图 8-3　40 长桩钢筋笼　　　　　　　　图 8-4　桩基静载检测

剂、减水剂）；⑤设置无黏结的温度预应力筋；⑥在超长墙体上设置诱导缝；⑦在±0.000楼板下结构柱顶部设置大直径橡胶隔震支座，采用层间隔震技术控制由超大平面混凝土收缩应力和温度应力引起的楼板开裂。

通过数字仿真模拟温度场以及现场布置监测点，研究季节性温度变化对超大平面结构的影响，指导结构后浇带封闭时间、顺序，完美实现结构顺利施工，是本工程核心创新技术。

由于航站楼高大空间设计、下穿高铁隧道平面布置、抗震性能要求高等特点，主航站楼各楼层布置了大量劲性结构，劲性钢结构总重量 1 万多吨。在当前技术条件下，单一的 BIM 工具完全无法实现如此复杂项目的设计目标。在策划阶段，就确定了多平台协同工作，以适用性为导向的 BIM 技术框架。

如建筑外围护体系使用 Autodesk T-spline 同 Rhinoceros 结合共同作为设计的核心平台处理自由曲面；大平面体系中，主平面系统使用传统的 Autodesk Cad 平台，保证设计的时效性；对于专项系统中楼电梯、核心筒、卫生间、机房这样的独立标准组件，使用 Autodesk Revit 平台，利用建筑信息化的优势，确保这些复杂组件的三维准确性。通过成熟的协同设计平台，将这三个大的体系整合在大平面中，实时更新，协同工作，如图 8-5 所示。

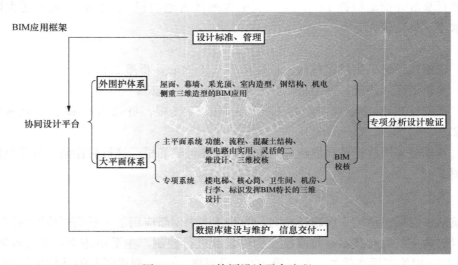

图 8-5　BIM 协同设计平台流程

　　针对劲性结构钢筋与钢结构连接节点复杂难题，全面采用数字施工技术，开发了全新的劲性结构节点施工技术路线：应用 BIM 技术对钢结构与钢筋连接节点放样建模→确定在钢骨周边的钢筋排布方式→在钢结构加工阶段完成钢骨数控开孔和钢筋连接器焊接工作→采用 BIM 模型三维交底，动态展示钢筋安装先后关系，指导现场施工，并利用 BIM 技术对超重构件吊装、劲性构件与混凝土交叉施工工序进行模拟优化，实现劲性结构施工方案最优，增强了施工预控性，提高了效率，节省了成本。针对复杂节点，还发明了一种快速连接节点，解决了梁柱劲性结构梁柱节点钢筋排布困难、节点连接质量差、现场连接操作复杂和梁柱节点位置多向非正交状态下钢筋多层排布及密集交叉的问题。通过节点有限元受力分析计算及节点型式检验，证明此连接节点受力、传力的安全性。

　　屋顶曲面与屋面主结构网格关系航站楼的自由曲面造型是外围护工程的难点。BIAD 通过主动创新，在 BIM 平台上综合运用 Autodesk T－spline 曲面建模与编程工具，实现了对外围护系统的全参数化控制，大到屋面钢结构定位，小到吊顶板块划分，都在同一套屋面主网格系统的控制下展开。屋面主网格是一套整合屋面，采光顶，幕墙，钢结构等多专业，多层级的空间定位系统，以受参数化程序控制的屋面钢结构中心线为基础，在满足建筑效果的同时符合结构逻辑。在主网格系统的基础上，通过逐级深化的方式不断推进设计，主网格程序对屋面大吊顶进行分缝，分板参数化设计，对吊顶板块进行数据化分析，优化板块类型。各屋面子系统，如虹吸雨水，马道等也采用三维方式定位设计，如图 8-5 所示。

三、 超大平面层间隔震综合技术

　　由于主航站楼结构超长、超大、钢结构复杂，同时航站楼下部高铁通过，涉及减震、隔震问题，因此主航站楼核心区采用隔震技术。航站楼地下一层与首层之间设置隔震层，在±0.000 楼板下结构柱柱头设置隔震橡胶支座 1124 座，隔震弹性滑板支座 108 套，黏滞阻尼器 144 套，为目前世界最大的隔震建筑。

　　针对主航站楼庞大的隔震系统，通过 BIM 技术对隔震支座近 20 道工序进行施工模拟，增强技术交底的可视性和准确性，提高现场施工人员对施工节点的理解程度，缩短工序交底的时间。针对使用过程隔震支座可能遇到的地震、火灾等外因损坏，研究并试验验证了隔震支座更换成套技术。

　　由于隔震层位于楼内层间，致使首层楼板与地下一层外墙顶部不连续设置，以及楼内楼梯、电梯、扶梯结构均由首层结构下挂设置，与地下一层结构完全分离。为了实现相邻但断开的结构之间满足变形空间，主航站楼设计有大量隔震沟、隔震缝，建造过程研发了世界领先的成套限位滑移隔震沟装置，该装置主要包括钢箱隔震盖板、销轴铰支座、全向滑移球支座、限位调向楔形板、装饰盖板组成。

四、 超大平面复杂空间曲面钢网格结构屋盖施工技术

　　主航站楼屋盖钢结构投影面积 18 万 m^2，为自由曲面空间网架结构，由 8 颗 C 型柱和 12 组支撑筒、6 根钢管柱以及 5 组幕墙柱支撑，屋盖最大跨度达 180m。针对屋顶钢结构跨度大、曲线变化复杂、位形控制精度要求高、下方混凝土结构错层复杂等施工难点，通过多方案比选，对施工工况采用有限元计算软件进行受力和变形分析，确定了"分区安装，分区卸载，位形控制，变形协调，总体合拢"的施工原则。整个屋盖钢结构安装共进行 26 次分

块提升，13 块原位拼装，31 次小合龙，7 次卸载，1 次大合龙。合龙长度达 9008m，对接口达 8274 个，对接精度符合设计和规范要求。焊缝长度约 19 万 m，现场焊缝探伤合格率 100％。合拢的焊接间隙控制在 10mm 以内，错边控制在 2mm 以内。针对屋盖钢结构杆件多的特点，研究了基于 BIM 模型与物联网的钢结构预制装配技术，将 BIM 模型、三维激光扫描、物联网传感器等集成为智能虚拟安装系统，开发 App 应用移动平台和二维码识别系统，实现了在 BIM 模型里实时显示构件状态。施工过程中，还参照 BIM 模型采用三维激光扫描技术与放样机器人相结合，建立了高精度三维工程控制网，严格控制网架拼装、提升等各阶段位形，确保了最终位形与设计模型吻合。钢结构加工、安装方案的关键创新，是屋架四个月成功安装的关键。

（一）隔震系统概况

航站楼采用层间隔震方式，隔震层位于转换层柱顶，每根柱子柱顶设置一个隔震支座。仅核心区隔震支座 1152 套，黏滞阻尼器 144 套，规格数量多达八种，单个最大质量为 5.55t，其中 LNR1500 天然橡胶支座及 ESB1500 弹性滑板支座为国内首次使用，共计 287 个。结构转换剖面如图 8-6 所示。

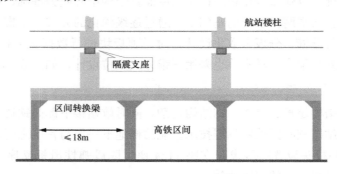

图 8-6　航站楼转换结构剖面图

隔震支座承担上部钢结构及混凝土结构全部荷载，仅结构阶段已超 30MPa，C 型柱下隔震支座荷载压力高达 60MPa。所采用隔震支座均为圆形，其数量及规格目前远超世界其他建筑，为目前全球规模最大的隔震系统。

（二）隔震支座施工技术难点

转换层柱顶隔振结构主要分为三部分，分别为下部柱墩（简称"下支墩"）、隔震支座及柱帽（简称"上支墩"）。根据设计前期振动试验显示，下支墩受振动波影响最大，保证隔震结构施工质量重点应保证下支墩施工质量。

1. 解决上、下支墩钢筋绑扎、混凝土浇筑等施工问题

航站楼主体结构采用现浇钢筋混凝土框架结构，柱子均为钢筋混凝土柱，柱网为 9m×9m 和 9m×18m，柱直径 1.8m，竖向钢筋为 72φ40 双排布置。主筋外侧螺旋箍筋 φ14@100，主筋间拉钩采用 φ25@100，钢筋间距极小，对于预埋环及预埋板锚固钢筋位置阻碍极大，同时极大影响混凝土浇筑质量。以上问题必须通过可靠措施解决。

2. 解决预埋件平面轴线位置、水平度及整体标高等问题

锚筋定位固定是确保预埋件水平度及整体标高的关键，下支墩定位直接影响预埋板轴线位置精准度，受下支墩钢筋密度影响，预埋环及预埋板锚筋位置与下支墩冲突严重，位置难

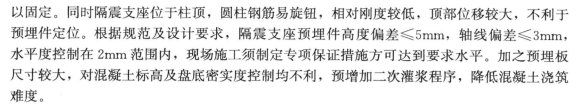

以固定。同时隔震支座位于柱顶，圆柱钢筋易旋钮，相对刚度较低，顶部位移较大，不利于预埋件定位。根据规范及设计要求，隔震支座预埋件高度偏差≤5mm，轴线偏差≤3mm，水平度控制在2mm范围内，现场施工须制定专项保证措施方可达到要求水平。加之预埋板尺寸较大，对混凝土标高及盘底密实度控制均不利，预增加二次灌浆程序，降低混凝土浇筑难度。

3. 解决灌浆层浇筑空鼓等问题

灌浆层作用于预埋板及下支墩混凝土之间，为控制预埋板标高及底部灌浆层密实，灌浆过程中预埋板不可摘除，而预埋板直径为支座规格外扩300mm，浇筑时无法判断气体是否完全排出，难以保证预埋板与灌浆层贴合严密。

灌浆层下部混凝土柱直径1800mm为大体积混凝土构件，内部温升情况对灌浆层施工质量影响极其严重。保证混凝土与灌浆层直接完全结合难度极大。

4. 解决隔震支座运送、吊装及安装固定等问题

航站楼核心区尺寸较大，长宽分别为520×400m，坑内柱顶隔震支座的最大运输为260m，现场塔式起重机分布单位不同，协调及运送难度大，运用塔式起重机运送方案不可行，处理现场材料运送急需解决。

（三）隔震施工技术分析

地下2层顶板施工完成后进入隔震层施工，隔震建筑施工同普通建筑施工不同，其难度要远远超过普通地下室施工，尤其是隔震支座位置及下支墩密实度要求极高，需要提前做好样板制作，研究前期未分析到的问题，制定专项措施，调整专项施工方案。

1. 测量定位

B2层顶板浇筑完成后，采用全站仪测设每个隔震支座中心点的投影及B1层柱边线，标定在顶板混凝土面上。

2. 绑扎下支墩钢筋

该工程混凝土柱钢筋直径较大，由地下2层前焊制定位箍筋，限制钢筋过大位移。顶板浇筑完成后放线确定最终偏移量，在钢筋根部采用倒链按照1∶6进行调整。

安装下支墩上部钢筋及周边钢筋。隔震支墩主筋为$\phi40$钢筋，双方向U型$\phi25$钢筋绑扎成钢筋笼。节点钢筋太密，通过前期做施工节点样板，发现施工困难，按原设计，钢筋不能排布，节点无法实现，欲保证混凝土浇筑有三种方式。

（1）调整拉钩位置。将中心两根双向拉钩向两侧相邻主筋调整，相邻两层中心拉钩错开方向不同。

（2）调整拉钩方向。将中心两根双向拉钩取消，该四根主筋采用菱形箍筋或等同拉钩固定。

（3）等面积代换。对于本层柱拉钩代换为较大直径钢筋，重新调整拉钩位置，增大浇筑孔及振捣孔空间。

（4）调整混凝土。将普通混凝土改为细石混凝土，减小粗骨料粒径。

本工程通过与设计单位沟通及BIM模拟，采用调整拉钩位置和调整混凝土的方案，将中间下灰孔增大为15cm，浇筑时可以保证混凝土顺利浇筑，不出现混凝土离析及粗骨料卡住形成空洞的问题。同时为了实现目标缩短下支墩纵筋顶部弯锚长度至200mm，柱顶标高

以下 1m 范围绑扎圆形外箍筋，不安装拉钩。

3. 环状钢埋件及预埋板定位、固定

本楼隔震支座位于 B1 层圆柱柱顶，柱子高 7m，预埋件安装前用倒链将柱钢筋调直，经复测垂直度验证无误后，安装环状钢埋件（以下称"环铁"）及预埋板。预埋板及环铁安装时混凝土尚未浇筑，为防止钢筋笼位置变化影响预埋板及环铁安装精度，钢筋绑扎时用倒链将钢筋定位，环铁安装前采用水准仪及经纬仪对钢筋笼进行精确定位，并用倒链固定。

预埋套筒上口及下口预先与定位预埋板用螺栓拧紧固定，以确保套筒的位置准确。为保证预埋套筒的锚固长度和竖向固定，采用滚压直螺纹套丝的预埋锚筋与预埋套筒相连。将拧紧后的连接件放入下支墩钢筋中，调整连接件标高、平面位置、水平度，无误后与 U 形盖焊成整体。预埋板预埋为安装定位关键环节，在深化过程中对带预埋板浇筑进行分析，在预埋板中心开 $\phi200$ 浇筑洞口，四周均匀开 10 个透气孔。

安装完预埋板后将环铁套入柱顶，经样板试验证实环铁顶标高与预埋板顶标高一致，然后附加 $\phi14$ 预埋钢筋焊接，调整标高及位置。环铁外侧公径为柱直径扣减 2mm，在支模后与模板紧密贴合，保证柱顶平面位置及水准度与安装环境一致。

4. 下支墩侧模安装

环铁及预埋板复测合格后，安装侧模，侧模高度略高于支墩顶面高度，并在侧模上用测量仪器标定出支墩顶面设计标高的位置。侧模垂直度严格控制 2mm 以内，位置控制在 3mm 内。安装完成后应再次对预埋件各项控制指标（平面位置、水平度等）进行最终校核。

5. 下支墩混凝土浇筑

根据拉钩调整后，中央为混凝土浇筑点，四周透气孔为振捣点。每浇筑 50cm，中心采用 50 振捣棒，各个透气孔采用 30mm 振捣棒进行对称振捣。浇筑中严禁碰撞预埋板及锚筋，防止人员踩踏预埋板。

一次浇筑极难保证下支墩顶面混凝土密实度，为保证工程质量，混凝土浇筑完成后隔震支座下支墩采用二次灌浆。

混凝土浇筑时标高严格控制在预埋板中部，浇筑过程前确定振捣下棒位置。混凝土终凝后按照大体积混凝土养护，松动六角螺栓，摘掉预埋板，将上层浮浆剔除清理，蓄水湿润，安装预埋板，复测标高及水平度。二次灌浆由混凝土剔凿完成面浇至预埋板板顶，采用高强无收缩灌浆料。

经过前期二次灌浆数据统计发现空鼓为主要问题，分析主要原因为浇筑顺序混乱，灌浆时间控制不良及环铁高度不足。分别采取以下措施：

（1）灌浆从一侧进行灌浆，采用橡皮锤轻敲预埋板，直至灌浆料从另一侧溢出为止，以利于灌浆过程中的排气。灌浆开始后不能间断，尽可能缩短灌浆时间，严禁多点灌注。

（2）采用无线混凝土测温仪，实时监控柱顶混凝土变化及变形趋势，绘制成温度与应变变化曲线。混凝土浇筑完成第 3d 温度及应变均达到最大值，然后趋于平稳。最早在第 3d 末傍晚至早晨进行灌浆，灌浆前浇水湿润 2h，灌浆层终凝后及时洒水覆盖塑料薄膜，进行 3～7d 阴湿养护。

（3）前期统计数据中，灌浆层与环铁持平，出现空鼓率为 27.3%，环铁与预埋板标高差为板厚，灌浆层标高误差直接会导致板底空鼓，与设计单位沟通核算后可以将环铁上提至

预埋板顶标高,降低误差影响。

6.下支墩浇筑完成后测量复核

混凝土浇筑完毕后,应对支座中心平面位置、顶面水平度和标高进行复测并记录报验,若有移动,应进行校正。

7.安装隔震支座

混凝土养护至下支墩混凝土及灌浆层强度均达到设计强度的 75% 以上时进行隔震支座安装。

隔震支座群柱中心距基坑直线距离 250m,为将隔震支座运至工作面且减小运距及搬运次数,基坑内南北各设置 1 道钢栈桥将转换层切分为 3 块,运距缩短为 80m。把隔震支座用吊车放到工装小车上,然后用工装小车向前移动,将隔震支座运送至作业面附近。采用叉车和汽车式起重机运送至作业面。

汽车式起重机将支座吊至柱墩,待隔震支座下法兰板螺栓孔位与预埋钢套筒孔位对正后,将螺栓拧入套筒。螺栓应对称拧紧,螺栓紧固过程中严禁用重锤敲打。

隔震支座安装完成后用全站仪和三维扫描仪逐一复测隔震支座顶面标高、平面中心位置及水平度。

8.上部连接件固定

将上部预埋锚筋和套筒用螺栓连接到隔震支座(法兰板)上。同时在上法兰板面上铺 1 层和法兰板面积等大的油毡。

9.上支墩底模安装

为防止浇筑混凝土对底模产生竖向压力导致底模产生竖向变形,采取措施保证底模有足够大的支撑刚度,以避免混凝土浇筑成型后隔震支座上法兰板陷入上支墩混凝土中。

10.上支墩钢筋绑扎及混凝土浇筑

依次绑扎上支墩钢筋,支护模板,浇筑混凝土,施工方法与常规做法基本相同。隔震支座上支墩浇筑完成如图 8-7 所示。

11.隔震支座补漆

安装过程和模板支撑、拆除过程中不可避免会对隔震支座油漆造成损坏,隔震层施工完毕,模板拆除后,对隔震支座油漆进行修补。

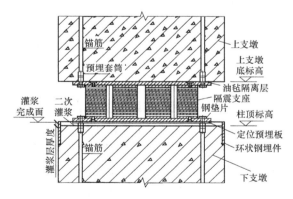

图 8-7　隔震支座连接节点大样

五、 超大平面不规则曲面双层节能型金属屋面施工技术

主航站楼屋面东西长度 568m,南北长度 455m,总面积约 18 万 m^2,设有 6 条采光天窗和中央采光顶,采光天窗及中央采光顶将金属屋面分为 6 个独立区段。外形上采用自由双曲设计,屋面最高点标高为 50.9m,主航站楼屋面落差约 20m。屋面构造采用双层节能型金属屋面。建设过程全面创新建造技术,研发应用了逆向建模测量施工技术,实现了自由曲面造型屋面高空测量快速放样;发明了檩条消减温度应力施工技术,消除了屋面系统温度应力作用下引起的檩条系统对屋盖钢结构不利影响;开发了高性能抗风的新型支座及板型施工技

术，并在施工前通过抗风和高速风洞试验验证；模拟仿真并通过实体试验研究了不规则自由曲面屋面排水技术，建成至今屋面排水系统经受住了多个雨季的考验；国内首创发明的中空铝网玻璃，成功实现了采光顶天窗的采光与遮阳设计效果。

采光顶遮阳网片样本与遗传算法程序。遗传算法是人工智能领域的计算机技术，BIAD将其应用在遮阳网片计算和 C 形顶的结构划分这两部分工作中，计算机在通过程序设定的逻辑与条件下，找到了问题的最优解。这是以往无法凭人力得到的。为了降低航站楼能耗，BIAD 将一层轻薄的遮阳网片置于采光顶玻璃片的中空层中，在保障室内采光的同时可以最大程度遮挡南向直射光。每个遮阳网片单元形式由 4 个参数控制，每个参数的不同取值会组合产生上万种形式。计算机根据采光顶所处的位置从中筛选出其中热工性能的最优解，使得透过采光顶获得约 60%进光量的同时仅接收约 40%的热能。

采光顶结构分格效果与遗传算法程序 C 形柱上方的采光顶是室内空间的视觉焦点。综合视觉与结构需求，需要在结构网格划分上实现三个目标：边缘整齐，玻璃分板均匀，分板结构梁程相近。为此，为主要划分线设置了 88 个控制点，通过遗传算法调整各个控制点的相对关系，最终得到分格均匀，具有张力的结构网格。采用 BIM 技术进行屋面深化设计，如图 8-8 所示。

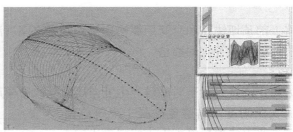

图 8-8　屋面专向深化设计

六、　超大平面航站楼屋盖大吊顶装修施工关键技术

北京大兴国际机场航站楼屋盖的超大空间大吊顶为复杂自由曲面，曲面变化流转，曲率多变。大吊顶通过条形天窗端头两侧及 8 处 C 形柱，下卷与地面相接。大吊顶施工实现全过程数字建造，采用非均匀有理 B 样条数学方法控制曲面，结合设计模型、网架位形、可操作性等因素建立了全数字的施工 BIM 模型，施工时从模型中提取板块单元，实现从设计到工厂加工，再到现场安装的全数字化建造。大吊顶施工发明了吊顶与屋盖钢结构防转动免焊接连接节点。国内首创屋盖下高大空间吊顶龙骨、面板采用单元模块化逆向安装技术。创新应用复杂自由曲面屋盖大吊顶模块单元空间三角定位安装技术，安装完成后采用三维激光扫描调平检测技术，实现曲面吊顶施工完成后的质量检测验收。最终实现建筑设计的空间曲面效果，将屋盖"如意祥云"造型的设计理念完美实现。

七、　超大型多功能航站楼机电工程综合安装技术

围绕航站楼超大平面、超大空间、层间隔震、三进两出等建筑特征以及绿色低碳、温馨舒适、智能便捷等功能需求，机电工程建设全过程采用 BIM 技术，坚持问题导向、科研创新，实现了安全、功能和舒适的完美融合。图 8-9 为 B1 层机电系统 BIM 模型。

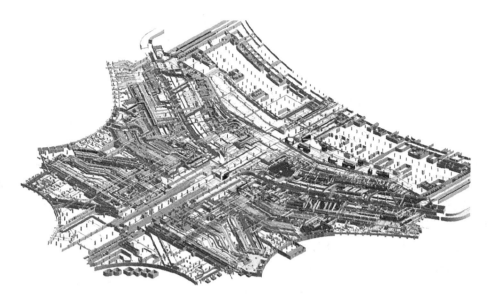

图 8-9　B1 层机电系统 BIM 模型

1. 超大平面复杂屋盖雨排水

航站楼核心区屋面东西宽 568m，南北长 455m，最高点为 50.9m，高低落差达 20m，屋面投影面积共计约 18 万 m^2，屋面条形天窗自然采光顶将屋面分为六个相对独立的单元，北区 2 片屋面东西向对称，南区 4 片屋面沿中心点环向对称。为解决汇水面积大、流向不规则、水流湍急、风力影响大等问题，采用了整体规划、分区组织、有序导流、划片汇集、虹吸排放的屋面排雨技术，结合屋面特征设置天沟导流片、溢流围堰、挡雪设施、融雪线缆等，将排水组织与屋面荷载安全结合，管道安装与屋面钢网架融合，实现安全与美观的有机统一，形成了一套完整的超大平面复杂屋盖排水融雪安装技术。

2. 层间隔震机电管线位移补偿

航站楼机电工程共计 108 个系统，工程量大、系统复杂，大部分机房位于 B1 层层间隔震层，隔震支座将地下与地上混凝土结构完全隔离，最大层间水平位移设计量为 600mm，机电系统需与建筑结构层间位移量相匹配，以确保机电系统运行的稳定性。由于国内尚无相关技术标准和典型案例，工程创新提出"隔震补偿单元"概念，采用市场补偿产品和发明专利结合，通过深化组合、模拟计算和第三方检测试验，实现了穿越隔震层和跨越隔震缝大位移补偿，确保了设计防震位移量下机电管线的正常运行，填补了国内隔震大位移补充构造空白。

3. 模块化装配式机电安装

为积极响应国家政策，推进机电工程模块化预制及装配式施工，提高安装精度和施工效率，项目在临建用房和航站楼水暖机房均进行了创新研发。在临建空调和热水供应中，有效组合空气源热泵、循环水泵、配电箱柜、控制装置等设备于一体，形成一个与末端使用负荷相匹配的集中供冷供暖和热水供应的新能源模块箱，模块箱安拆便捷、高效节能、重复利用率高，满足施工高峰期 8000 余人办公生活能源供应，施工期间直接节约电能近 1700 万元。航站楼水暖机房采用了三维深化、4D 模拟、点云扫描、物联技术等，对测绘放样、远程管控、误差处理等进行了深入研讨，形成了一套完整的模块化装配式机电安装施工标准流程，并对模块集成原则、模块装配误差处理进行了系统研究，形成了一种新能源集成模块箱、模块框架水泵限位器、一种预制管道运输装置等一系列专利。

4. 超大空间环境机电安装和调适

航站楼核心区是一个大平面、多元高差的大空间环境，进港、值机、安检、离岗、行李提取等各项建筑功能按区域划分，各区域人员密度随时间、进出港流程、航班调配而动态变化，项目通过调研、计算、总结、模拟，研发了超大空间基于不同使用功能的照明配光、控制及安装调试技术，结合自然采光、吊顶漫反射、航班动态需求等最大限度实现绿色照明；根据大空间温湿度场模拟，研发了基于温湿度、空气品质等需求下内外区空调布局形式、大截面新风输送、大温差空调水和空调风输送以及末端设备的安装、控制和调试技术，有效实现舒适环境和低碳节能。

新机场的设计中，BIAD使用计算机技术对建筑光环境，CFD，热工等物理环境进行分析模拟，使航站楼更安全，节能，高效，包含如下主要内容：

（1）室外光环境的模拟分析辅助采光与遮阳的设计；室内照明系统的分析计算。

（2）物理风洞实验分析与计算机模拟分析；室内自然通风模拟。

（3）基于建筑物理模型的围护结构热工参数优化分析。

电梯等候时间与旅客流线模拟计算机模拟技术不但用于模拟航站楼所处的物理环境，还应用于对机场未来运行的状况的仿真分析：在航站楼内，通过对机场室内人流的模拟，可以评估出等候每处电梯，安检排队的等候时间，进而优化流线设计，提高运行效率。在航站楼外，通过建立起场跑滑系统数学模型，优化调整登机口布局，获得最优的站坪运行效率，如图8-10所示。

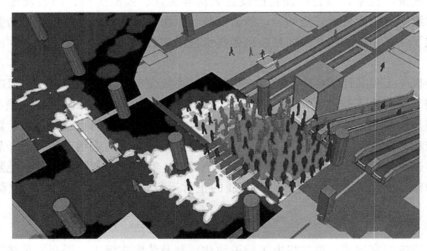

图8-10 旅客流线模拟分析

八、 绿色节能科技创新及其应用

大兴国际机场建设过程创新应用系列绿色节能科技技术，对国内大型公建建设起到了示范引领作用，多项技术得到大量推广应用。大兴国际机场室内结构形式如图8-11所示。

图 8-11 机场内部空间

1. 空气源热泵系统

施工现场工人生活区、办公区采用空气源热泵系统进行供冷供暖。该系统布置灵活、功效高、能耗低，空气源热泵能效比为 1∶3.3，每年可节约用电 900 万 kW·h，相当于节约煤 1100 余吨。

2. 污水处理系统

北京大兴国际机场建设期周边的市政设施不完善，项目生活区高峰达 8000 人，现场建立污水处理站，处理生活污水，达到中水标准后用于厕所冲洗、洒水降尘、绿地灌溉。可实现 500m³/d 的污水处理量，年处理污水能力约 18 万 m³。

3. 太阳能照明、热水系统

施工现场道路、办公区、生活区场区均采用太阳能灯具照明；工人生活区采用太阳能生活热水体系，提供工人洗浴热水，节约了电能，同时为工人提供了舒适的生活条件。

4. 混凝土垃圾再生利用

北京大兴国际机场航站楼核心区基础桩、护坡桩约 1.2 万根，桩头混凝土剔凿后产生的垃圾常规采取废弃处理。采用再生利用的方式，桩头剔凿后，经现场初步破碎后运至混凝土站进行机械破碎，筛分后的骨料用于制作再生混凝土，用于结构周边回填，共综合利用桩头建筑垃圾 1.5 万 m³。

5. 钢筋自动化加工设备应用

为解决钢筋加工供应问题，现场集中设置了钢筋加工区域，引进多套钢筋自动化加工设备。弯箍机可每小时加工箍筋 1800 根，每个工人每台班可加工箍筋 7t 左右；大直径钢筋直螺纹连接接头钢筋加工切断，数控钢筋剪切生产线可批量加工，直径 25mm 钢筋一次可锯切 16 根，比传统砂轮锯切割提高了工作效率 10 倍以上。

6. 海绵机场

对全场水资源收集、处理、回用等统一规划，构建高效合理的复合生态水系统，通过"渗，滞，蓄，净，用，排"可实现海绵机场建设目标：

（1）年径流总量控制率 85%，外排流量不超过 30m²/s；

（2）雨水收集率 100%，全场设置总容积 280 万 m³ 的调蓄水池；雨污分流 100%；污水处理率 100%；中水充分回用，替代市政用水，全场非传统水源利用率 30%。

案例 2 国家游泳中心"水立方"

案例描述

国家游泳中心位于北京奥林匹克公园 B 区西南角,是北京为 2008 年夏季奥运会修建的主游泳馆。"水立方"建设用地 62950m²,总建筑面积 79532m²,建筑物檐口高度 31m,基底面积 177m×177m,标准座席 17000 个(其中临时座席约 13000 个,永久坐席 4000 个),2003 年 12 月 24 日开工,在 2008 年 1 月 28 日竣工。2022 年北京冬奥会北京赛区竞赛场馆之一。

"水立方"的设计灵感来自水分子结构和肥皂泡,也是中国传统文化和现代科技的共生产物。古人云:没有规矩不成方圆。在中国传统文化中,"天圆地方"的设计思想催生了"水立方"(图 8-12),它与圆形的"鸟巢"——国家体育场(图 8-13)相互呼应,一方一圆、一蓝一红相得益彰。与主场馆"鸟巢"的设计相比,"水立方"体现了更多的女性般的柔美,一个阳刚,一个阴柔,形成鲜明对比,在视觉上极具冲击力。

图 8-12 国家游泳中心——水立方鸟瞰图   图 8-13 国家体育场——"鸟巢"

☞思政小贴士: 国家游泳中心是北京 2008 奥运会的主竞赛场馆,与国家体育场交相辉映成为北京奥运会的最受瞩目的建筑,同时也体现了我国的科技实力和综合国力。在2022 年对该场馆的改造利用,不仅体现我国对绿色建筑的综合利用能力,也体现了我国在碳排放领域做出的重大贡献。

"水立方"最大的特点在于它的膜结构,虽然占地 7~8 公顷,建筑主体却没有使用一根钢筋一块混凝土,整个"水立方"工程都是用细钢管连接而成的,杆件多达 2.2 万根,有 1.2 万个节点。仅 0.24mm 厚的淡蓝色 ETFE 薄膜气枕像皮肤一样包住整个建筑,使"水立方"散发出一种高贵优雅的气质。"水立方"的内外立面共由 3000 多个不规则的气枕组成(其中最小的不足 1m²,最大的达到 9m²),覆盖面积达到 11 万 m²,展开面积达到 26 万 m²,堪称世界上规模最大的膜结构工程,也是唯一一个完全由膜结构来进行全封闭的大型公共建筑。

"水立方"所使用的 ETFE(乙烯-四氟乙烯共聚物)是世界上最先进的环保节能膜材料,这种最早用于航天科技的坚韧材料具有很多优良的特性:抗撕拉极强、抗张强度高、高阻燃性、低烟、透光率高，以及出色的抗冲击能力和较长的使用寿命。ETFE 充气后，每块膜都能承受一辆汽车的重量，此外，膜的耐火性、耐热性都很明显，因 ETFE 是含氟化合物能阻隔氧气，即便被点燃，这种材料也只会熔化而不会燃烧扩散，并且几乎没有烟，也没有燃烧物落下，形成的窟窿还方便人们逃生。跟玻璃相比，ETFE 膜不但安全可靠，还可以透进更多的阳光和空气，从而让泳池保持恒温，能节电 30%，同时大幅降低整个建筑的重量，这么大体量的公共建筑仅 6700t，这不能不归功于 ETFE 这种膜结构。

在"水立方"出现之前，英国康沃尔的伊甸园生物圈（图 8-14）和德国慕尼黑安联体育场也都使用过 ETFE 膜材料，安联体育场同样使用气枕式外墙，但与水立方相比，两者的区别在于，安联体育场的气枕覆盖面积为仅为水立方的 60%，并且使用的是规则排列的单层气枕，而"水立方"则是双层气枕，且几乎没有形状相同的两个气枕。

图 8-14　英国康沃尔的伊甸园生物圈

国家游泳中心采用的新型绿色技术主要内容包括以下方面。

一、节水

作为国家游泳馆，"水立方"自然是奥运场馆中的用水大户。为了保证"水立方"能够达到良好的节约效果，工程师还专门设计了雨水收集系统、中水回用获取净水系统及降低自来水消耗系统和减少废水排放系统。这些系统的运用可使"水立方"每年收集雨水约 1 万 t、洗浴废水 7 万 t，游泳池用水 6 万 t，建筑物所需的绿化、冷却塔补水、护城河补水、冲厕、冲洗地面等用水则全部通过废水回用解决，每年减少废水排放量 14 万 t。

收集和循环雨水，这是充分体现"水立方"绿色设计思想的一个技术亮点，在"水立方"约 3 万 m² 的房顶上专门设计了一套雨水收集系统，将使雨水的收集率达到 100%，全年收集雨水约 1 万 t，相当于北京 100 个居民家庭的一年用水量。雨水从房顶汇集到"水立方"南广场的中心储蓄池内，经过初期弃流——调蓄——消毒等再回用，如供给空调冷却水补水、冲洗场馆和室外景观用水等。中水回用也是充分体现"水立方"绿色设计思想的另一个技术亮点，运动员洗浴后的废水、游泳池循环净化后排出的废水等，经过生物接触氧化过滤再用活性炭吸附并消毒后，将用于场馆内便器冲洗、地面冲洗以及室外绿化灌溉，仅此一项每年就可节水 4 万 t 以上。雨水收集如图 8-15 所示。

同时，为了提高净水系统运行效率，降低电力消耗和净水药剂的使用量，泳池换水全程采用自动控制技术，可以节约泳池补水量 50% 以上。为尽可能减少人们在使用场馆时对水的浪费，"水立方"内的面盆、沐浴龙头、便器等设备均采用感应式的冲洗阀，合理控制洗具洁具的出水量，预计可以节水 10% 左右。此外，为了减少水的蒸发量，"水立方"的室外

图 8-15　雨水收集系统示意图

绿地将在夜间进行灌溉，采用以色列的微灌喷头，建成后可以节约用水 5％，这在"鸟巢"工程中得到了充分体现。

二、节能

为减少二氧化碳的产生，"水立方"在设计中刻意减少了电的使用。除了利用太阳能电池供电外，在自然光的利用上，由于"水立方"采用了透明的膜材料和相应的技术，使得场馆每天能够利用自然光的时间达到了近 10h，一年下来，8 万 m^2 的"水立方"将节约 50％的照明能源。

"水立方"双层膜的结构形式也是非常节能的，分布在 ETFE 膜上的几亿个镀点（图 8-16），起到散光隔热的作用，能有效调节进入室内的光线，把多余的热量挡在场馆之外，保证场馆的温度和采光，并且使酷热天气里的"水立方"不会成为巨大的"温室浴场"。工程师们还根据建筑内不同的功能分区，制作不同薄厚的镀点，如人们集聚的区域使用外层 55％～60％厚镀点、内层 20％薄镀点的 ETFE 膜。正是这一把把神奇的小遮阳伞，使"水立方"的空调降温费降低了 40％。

为了使气枕墙保持恒定压强，"水立方"被分成了 18 个充气区，每个区的充气管道都由粗到细分成好几个等级，就像人体的血管网一样，并且每个区都有自己的风扇，感应器根据气枕压强控制风扇开关，充气所需的电能仅和一个冰箱差不多（图 8-17）。"水立方"内的节能系统还对废热进行回收，利用空调余热对池水加热，热回收冷冻机的应用一年将节省 60 万度电。还有现代化消防装置为建筑量身定做，比常规设施节约 74％。

三、节材

"水立方"建筑面积达 8 万 m^2，整个建筑主体都是用细钢管连接而成的，杆件多达 2.2 万根，连起来总长约有 90km，但总重量却只有 6700t，重量轻、跨度大、稳定性好，是"水立方"钢结构的特点和优势所在，这得益于"水立方"肥皂泡的设计灵感。"气泡理论"

所要解决的是三维空间内各部分接触的表面积最小问题，对于钢结构来说，就是所用的材料最少。"水立方"的钢结构根植于这种组合形式，使其所用的钢材数量大为减少，但稳定性却非常好，这是因为这种结构形式本身就是一种很稳定的结构形式，已经经过了自然界的验证，设计师无须做太多调整工作，就能达到理想的效果。

图 8-16　水立方使用带镀点 ETFE 膜

图 8-17　水立方的每一个充气区

四、 可持续利用

国家游泳中心是世界上第一个实现游泳池（图 8-18）和冰场"水冰转换"的场馆。通过建设可移动、可转换场地结构，把游泳池改建为冰壶比赛赛道，实现水上项目、冰上项目赛事两种功能并存和自由转换的目标，"水立方"变身"冰立方"。改造过程如图 8-19～图 8-21 所示。

作为 2008 年北京奥运会标志性场馆的国家游泳中心，本着"体育场馆反复利用、综合利用、持久利用"的原则进行改造，在北京 2022 年冬奥会和冬残奥会期间将承担冰壶、轮椅冰壶的比赛。这种充分利用 2008 年北京奥运会场馆建设遗产是北京冬奥会可持续理念的一次生动实践。

图 8-18　"水立方"的游泳赛道

图 8-19　水立方泳池改造过程

图 8-20　"水立方"改造"冰立方"过程

图 8-21　水立方改造成冰壶比赛场馆

案例 3 国际奥林匹克委员会总部

案例描述

在 1894 年诞生的国际奥委会成立 125 周年之际，奥林匹克委员会总部的落成代表着组织对奥林匹克之都洛桑的承诺。奥林匹克委员会总部借助其地理位置优势，充分利用日内瓦湖畔 Louis Bourget 公园的美景。新建筑包括一个会议中心、几间会议室、一间餐厅、运动设施和用作办公室的三层楼层、屋顶平台和地下停车场。

☞小贴士： 奥林匹克委员会总部借助其地理位置优势，充分利用日内瓦湖畔公园的美景，奥林匹克之家将充分利用其在日内瓦湖边界路易斯布尔歇公园的美丽位置。

恰逢 1894 年国际奥委会成立 125 周年，奥林匹克之家的落成典礼代表了该组织对奥林匹克之都洛桑市的承诺。奥林匹克之家将充分利用其在日内瓦湖旁边的路易斯布尔歇公园的美丽位置。新大楼将包括会议中心、会议室、餐厅、健身设施和 3 层办公室，以及屋顶露台和地下停车场。

项目所在地是一处 18 世纪城堡 Le Château de Vidy 所在地的公园，新建成的奥林匹克委员会总部成为当地标志性的建筑。日内瓦湖畔是一片保护区域，因此设计公司与国际奥委会一同协作，实现该项目与周边环境最高程度的融合。设计尊重城堡的历史特征和公园环境，将绿色公共空间与奥林匹克总部紧密地衔接起来，如图 8-22 所示。

图 8-22 奥林匹克委员会总部鸟瞰实景图

奥林匹克委员会总部位于场地东侧，结合西侧葱郁的树林，重新诠释了以城堡为中心轴线的古典对称式布局。通过结合现有的奥林匹克委员会总部和场馆功能，新总部和周边环境为园区提供了同样的绿色空间，同时使建筑面积增加了一倍之多。设计结合自然与景观，最大限度地呈现了所处地区的美景，利用大小尺度不同的绿色植物塑造景观道路和观景点，同时确保保护当地的生物多样性。植被覆盖的建筑基座谨慎地融入景观之中，将建筑对环境的影响降低到最小，如图 8-23 所示。

该建筑的透明度象征着国际奥委会作为一个组织的开放性，并提供了远处湖泊的壮丽景

图 8-23 建筑的透明度提供了远处湖泊的壮丽景色

色。这种从地板到天花板的全玻璃立面可以保证阳光照射进入建筑物，同时通过双层系统优化隔热。立面的这种凹痕使公园能够与办公空间更好地融合。玻璃结构成为国际奥委会对组织透明度的渴望的隐喻，反映了奥林匹克 2020 议程发起的整体结构变化。该设计允许通过立面看到国际奥委会工作人员的日常工作情况。

设计公司不仅将国际奥委会可持续发展的承诺融入设计和建造中，也将其融入奥林匹克总部的操作理念之中。通过创新性特征，在不影响工作环境质量的情况下，将建筑环境的侵占性降到最低。建筑的围护结构借助气密性和内部立面的三层玻璃实现良好的隔热性能。立面内层结构保证隔热，外层结构强化设计，通过集成遮阳系统（图 8-24）保护建筑免受附近高速公路传来的噪声影响。建筑围护结构设计形成特定向内向外的推拉和流动形态，由此扩增的立面表面增添内部光照和观景点。建筑物的围护结构专门设计用于向内和向外推动和流动，为日光和景观提供额外的立面表面积，如图 8-25 所示。

图 8-24 集成遮阳系统

☞小贴士： 通过集成遮阳系统保护建筑并降低附近高速公路传来的噪声，该设计通过集成的防晒系统保护建筑物，并减少附近高速公路的噪声。

奥林匹克委员会总部获得了三项高标准的可持续性认证，获得 LEED 最高等级的铂金认证，也获得了 Swiss Sustainable Construction Standard（SNBS）铂金级认证和 Minergie P 瑞士节能建筑认证。建筑主要使用可再生能源、智能建筑设备、热循环系统和围护结构确保高能源效率。节水型卫生设备和雨水收集系统极大地降低了建筑用水量。安装在屋顶下的太阳能电池板有助于建筑的电力供应。另一项重要的可持续设施是热量交换器和热泵利用湖水

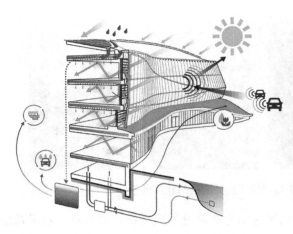

图 8 - 25　可持续性设计理念

为建筑升温和冷却。建筑材料经过精心挑选，旨在限制污染物的排放同时确保使用者拥有舒适地最优室内空气质量（图 8 - 26）。拆除原有国际奥委会管理大楼也是项目重要的一部分，通过对建筑材料的再利用、选择性拆除和回收，促进了循环经济的发展。原有建筑 95％以上的材料被重复使用或回收，进一步增强了建筑的可持续特性。

图 8 - 26　室内设计可持续性理念

案例 4　深圳大梅沙万科中心

📖 **案例描述**

　　万科中心坐落在深圳盐田区的旅游度假区大梅沙海滨公园北侧约 1 公里处，被大梅沙内湖公园环抱，总建筑面积 12.1 万 m²。万科中心穿越中港边境，是集办公、住宅和酒店等功能为一体的大型建筑群。万科中心是由美国著名建筑大师 Steven Holl 设计，设计理念为"漂浮的地平线，躺着的摩天楼"。

　　作为一个热带的、可持续的 21 世纪构想，它融合了几项新的可持续发展方向：漂浮的建筑体创造了自由、灵活有遮盖的景观绿地，并且让海风和陆风穿过基地。这些利用中水系统运作的矩形水景池将冷能向上辐射到彩色的铝制建筑底面再反射下去。可动式外遮阳表面使用特殊复合材料，保护内层玻璃减少太阳能负荷及风力冲击。可转动式悬挂立面外遮阳系统不会阻挡窗外的海景及山景。利用太阳能的除湿和冷却系统经由特殊的"屋顶阳伞"形成了有遮阳的屋顶景观。这个防海啸的盘旋式建筑创造了一个多孔的微型气候和庇荫自由景观绿地，如图 8‐27 和图 8‐28 所示。

图 8‐27　深圳大梅沙万科中心效果图

图 8‐28　深圳大梅沙万科中心实景图

☞小贴士：　万科中心设计师——Steven Holl 先生，被美国《时代》周刊评为美国最好的建筑师，世界十大建筑师之一。美国哥伦比亚大学建筑学院终身教授。他设计作品频频获奖，包括1998 年的 Alvar Aalto 奖章、美国建筑师协会金奖、美国进步建筑奖等数十项。2007 年，Steven Holl 先生设计的两个项目获得美国《时代》周刊评选的世界十大建筑称号，分别名列第一和第八。

一、建筑结构

根据项目独特的建筑效果（若干巨型筒体及实腹厚墙、落地柱支撑起上部4～5 层结构，在底部形成了连续的大空间，落地筒、实腹墙及柱水平距离50～60m，上部建筑端部悬臂15～20m），设计公司提出了世界首创的"斜拉桥上盖房子"的理念。通过合理布置高强钢丝斜拉索，发挥首层钢楼盖及顶层混凝土楼盖的轴向刚度和承载力，实现大跨度结构跨越和悬臂，同时通过预应力值的调整优化，改善上部混凝土框架结构的受力变形状态，取得了明显的技术经济效益，比传统巨型钢支撑结构节约投资约 8000 万元，如图 8‐29 所示。

难点：将大跨度预应力结构与绿色建筑的有机结合。

图 8‐29　深圳大梅沙万科中心外立面实景

163

二、可持续选址

万科中心位于大梅沙度假村，附近有便利的交通系统：地面交通四通八达；良好的交通系统，方便了人们出行或是货物运送。同时设计还为自行车，汽车提供了充足的车位，提倡使用减排汽车，为低排放汽车提供优先泊位；地下室有淋浴设施，大大方便了员工的生活。下沉庭院、水系、绿地、山丘的完美组合形成丰富的立体景观，使空间最大化开放。抬高了的建筑设计使地面空间完全释放，留给大地最大的景观空间，并可以加强风的对流，营造局部良好的微气候环境。丰富的外来和本地物种的种植，使得整个中心常年青翠，清幽宜人。此外，独特的结合太阳能光电系统的屋顶花园设计不仅扩大视野、美化环境，同时降低顶层太阳吸收热量，也减轻热岛效应，达到了和谐与经济的双重效益。

> 提示：屋面种植与光伏发电相结合，是目前很多城市节能技术的新探索。

三、节约水资源

在建筑内部，采取了目前先进的节水器具及节水方法进行节水，如采用低流量厕具，无水小便器，配合自动控制系统的低流量水龙头及低流量的淋浴喷头等，这些节水不低于30％，仅此一项，年节水量1500t以上。

在室外空间，尽量采用渗水铺装路面以加强雨水渗透，种植本地树种，利用各种与景观相结合的措施，如植被浅沟，渗透沟渠，生物滞留等方式减少雨水冲刷，保持当地水土环境的同时又减少灌溉用水。

整个项目中采用了雨水回收系统，将屋面和露天雨水收集处理，并蓄积在水景池内，用于绿化和补充景观水池水量的损失。设计中，充分考虑了成本效益并与实际的地形和景观相结合，如东侧屋面距景观水池较远，在设计中就近设置雨水花园用于消纳雨水，节省投资的同时，达到雨水回收的效果。

为进一步提高水资源的利用，本项目将所产生的中水和污水全部回收，通过人工湿地进行生物降解处理，以用作本地灌溉及清洗等其他用途，每日的水处理量达到100t，保证100％不使用饮用水作为景观用水，大大减轻了对市政用水的负担，如图8-30所示。

图8-30 深圳大梅沙万科中心雨水收集蓄水池

> 提示：　海绵城市的特点就是利用透水混凝土、雨水收集、中水处理等方式将城市的水资源充分利用，以达到资源使用最大化。

四、材料与资源

万科中心在施工中严格贯彻 LEED 认证对施工管理，以及材料使用的方针，其中包括：

（1）尽量使用本地材料，大大减少材料运送过程中的能源消耗。

（2）使用回收修复或再用的材料产品和装饰材料如钢材，飞灰水泥（图 8 - 31）、梁柱、地板、壁板、门和框架、壁柜、家具等材料。降低对新材料的需求、减少废弃物的产生、同时降低建筑成本、节约能源并减少新材料生产过程所产生的环境影响。

（3）为了减少对不可再生材料的使用，施工中采用大量可再生材料（竹、羊毛、棉花等材料）、快生木材（生长周期为 10 年以下）以及获得国际森林管理委员会认证的木材（图 8 - 32）。

图 8 - 31　深圳大梅沙万科中心清水混凝土外墙　　　图 8 - 32　室内装饰采用再生可回收材料

（4）施工中有专门的管理小组，做到文明施工，制定建筑施工废弃物管理计划，制定材料分离的量化目标；回收并/或抢救建筑拆除和场地清理产生的废弃物；开辟专门的空间，用于回收废弃物，并要求按照类别分别进行回收。

五、室内环境品质

在万科中心的设计中，办公层设计专门的吸烟室以及配套的排烟系统，很好地控制烟气，保证室内的环境具有良好的空气素质；同时，在办公设计时的通风量亦增加了 30%，保证室内空气的清新；室内装修严格选用低放射物质包括：低 VOC 的密封剂、黏结剂、地毯等物质。

设计还非常注重对内部的热环境来尽量满足人体舒适度的要求，从温度、湿度、自然采光及视野等几方面均能够达到舒适的要求：可调节地板送风系统可以根据不同个人的需求调整送风的温度和速度，提供优质的个人微环境；几乎所有的常用空间均使用日光照明，提升人员工作效率；所有常用空间都可以有开阔的视野，可以尽情地边工作边享受外面的美景。

在万科中心，不同的区域采用灵活的照明方式，配合节能型光源及灯具的使用，照明能耗比同等规模同类建筑减少 30% 左右，并且有些区域的灯可以根据环境光线的变化进行独立调节（图 8 - 33）。俯视景观园林中一方池水的中央是一个下凹的空间，其中没有注水，这是为万科中心地下空间的采光而设计，万科中心地下约4万 m² 建筑（图8-34）。

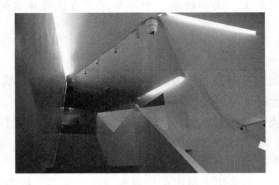

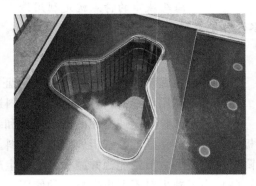

图8-33 室内可自动调节灯光   图8-34 地下采光天井

案例5　厦门欣贺研发设计中心

 案例描述

　　厦门欣贺研发设厦门欣贺研发设计中心，用地面积为1.5万 m²，建筑面积6.1万 m²，是欣贺集团及其旗下6个时装品牌的研发设计总部。这座总部大楼集管理、研发设计、职能于一体，整体结构犹如向外延展的叶瓣，以水幕的效果呈现飘逸的美感，体现了时尚品牌的定位。

　　"欣贺设计中心"的设计以一个圆形中庭为轴心，六个大跨度空间发散型星状布局，形成充满力量感的骨架结构，其间办公空间和绿色花园混合布置（如图8-35～图8-37所示）。在立体花园的外侧悬挂着半透明的 PTFE 膜材，在炎热季节起到遮阳和通风作用的同时，也让建筑看起来十分飘逸、轻盈，好像一层透薄柔软的皮肤覆盖在建筑骨架之上，如图8-38和图8-39所示。

图8-35 鸟瞰效果图   图8-36 建筑效果图

　　作为一个创新型的办公建筑，其空间组织结构如同围绕中心点展开的六个花瓣，使得集团六大品牌在具有自己独立的办公研发空间的同时，又可以与其他部门相互交流。有别于常见的方盒子建筑，发散型布局使得办公空间灵活高效，并具有足够的自然光线，通风和景观。中庭作为公共区域，向不同品牌的员工、客人开放，其间的天桥除作为空中的交通连接外，还可以用作时装秀等表演空间。设立于中庭的两个景观电梯又将半透的办公中厅空间在竖向上连接在一起。内部与外部环境连接，将研发中心的公共交流从室内延伸到室外花园，为员工提供轻松的氛围和场所，同时具有很强的向心力。

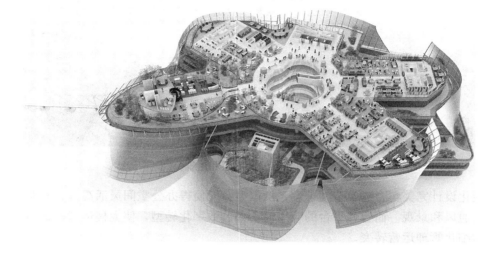

图 8-37　圆形中庭为轴心，六个大跨度空间发散型星状布局

图 8-38　办公空间和绿色花园混合布置　　　　图 8-39　覆盖在建筑骨架的软膜幕墙

　　设计中心是一座适合当地气候的高效能绿色建筑。建筑首层挑高，并架空（图 8-40），建筑占地缩减到 1/3，地面以向城市开放的绿化和水景为主，成为城市公共环境的一部分。底层的架空和建筑中庭形成了自然通风，在夏天将冷空气带到各层。而冬天，可闭合的玻璃中庭便成为阳光四季厅。立体的花园让地块内实现了 100% 的绿化率。建筑立面采用特制的半透明遮阳膜，设计透光率 40%，既降低了建筑的太阳辐射，又给办公空间提供了充分柔和的自然光。楼顶采用太阳能发电板装置，可满足办公楼日常运营所需的部分用电量。

　　该建筑采用智能建筑管理平台，将各智能化系统集中统计管理，实现建筑内机电设备、智能化设备的自动监测及控制，协调、联动各子系统运作，并为管理者提供建筑内机电设备、智能化设备各种信息的窗口。

图 8 - 40　架空的底层和建筑中庭

　　智能化设计完美契合建筑造型理念，发散型布局使得办公空间灵活高效，并有足够的自然光线、通风和景观。而管理平台的应用驱动办公数字化转型，使大楼运营模式由"计划管控"向精细化管理运营转变。

　　紧贴需求，"一厅多用"：作为时装设计公司，不仅需要能满足日常办公需求的会议场所，同时也需要能展示最新服装作品的场地。于是朗捷通技术团队结合现有建筑结构空间，设计了大会议模式、分会议模式、T台走秀模式、环形走秀模式这四种模式的多功能厅，包含舞台吊挂及控制系统、灯光、扩声、音视频等子系统，并且充分考虑后期租赁可能用到的灯光吊点、网络、音视频接口、电源插座等，满足客户各种使用需求。

　　高效绿色，"智慧呼吸"：朗捷通技术团队打造的楼宇自控系统，将建筑物内的能耗监测系统、智能照明系统、空调系统等众多分散设备系统集成到一个系统平台，对各个设备的运行、安全状况、能源使用状况及节能管理实行集中监视、管理，在不影响人们居住体验的条件下有效降低设备能源的消耗，使欣贺研发设计中心真正成为一座高效绿色的智慧建筑。如图 8 - 41 和图 8 - 42 所示。

图 8 - 41　"欣贺设计中心"完成效果

图 8 - 42　"欣贺设计中心"内部设计

案例6 中建绿色产业园办公楼中

📖 案例描述

中建科技全球首个运行中的"光储直柔"建筑位于深汕特别合作区中建绿色产业园内，该产业园共8个办公区域，建筑面积2500m²。在400多 m²的办公楼屋顶，铺设了大量太阳能光伏发电装置，满足整栋建筑三分之一的用电。同时依托储能系统，还可将多余电量储备起来。

一、什么是"光储直柔"？

"光"是在建筑区域内建设分布式太阳能光伏发电系统；

"储"是在供电系统中配置储能装置，将富余能量储存，需要时释放；

"直"是采用形式简单、易于控制、传输效率高的直流供电系统；

"柔"是指建筑具备能够主动调节从市政电网取电功率的能力。

"光储直柔"建筑即是将四种技术（光伏发电、分布式储能、直流电建筑及柔性控制系统）结合，相互叠加、整合利用，实现建筑节能低碳运转，光伏发电使每栋建筑都成为绿色"发电厂"，如图8-43所示。

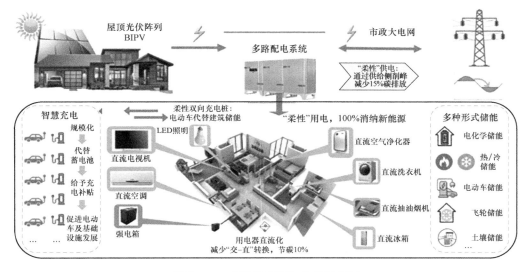

图8-43 "光储直柔"技术示意图

二、中建绿色产业园办公楼特点

中建绿色产业园办公楼每年节约用电超过10万度，相当于节约标准煤约33.34t，减少碳排放超47%，相当于植树16万 m²。该建筑使用的"光储直柔"技术和相关设备，均由中建科技和清华大学联合自主承担研制。400多平方米的屋顶铺设了大量太阳能光伏发电装置，其生产的能源存储在锂电池储能设备中，并通过柔性用电管理系统向大楼8个办公区、2500m²建筑面积内的空调、照明、汽车充电桩和直流电器供电。办公区内，经过改造的直

169

流电热水器、冰箱、咖啡机、手机充电器一应俱全，与普通设备相比耗电量更低，且因采用48V 以下电压，用电安全也得到充分保障。

图 8 - 44　楼顶铺设了大量太阳能光伏发电装置

"光储直柔"是在建筑领域应用光伏发电、储能、直流配电、柔性用电四项碳达峰关键技术的简称，能够运用柔性用电管理系统，实现建筑用电的自我调节和自主优化。如图 8 - 44 所示，楼顶铺设了大量太阳能光伏发电装置，这意味着，大楼不仅是一座"绿色发电站"，也具有智能配输电功能，弥补了太阳能等绿能相对不稳定的短板，可为缓解电力的供需矛盾提供有效解决途径。

"光储直柔"是一项跨学科、跨领域技术的综合利用。在中建绿色产业园办公楼，智能充电桩能够根据汽车的当前电量和电网的负荷情况，动态调整充电功率，继而降低充电成本，提高电网使用效率。这款直流、柔性充电桩是"光储直柔"技术的重要组成部分，预计将随着"光储直柔"技术的推广而大面积铺设，为新能源汽车提供低成本的充电网络。"光储直柔"技术应用于新能源汽车领域，有广阔的发展前景和极强的相互促进作用。

参 考 文 献

[1] 杨维菊. 绿色建筑设计与技术 [M]. 南京：东南大学出版社，2011.

[2] 刘加平，董靓，孙世钧. 绿色建筑概论 [M]. 北京：中国建筑工业出版社，2010.

[3] 马素贞. 绿色建筑技术实施指南 [M]. 北京：建筑工业出版社，2016.

[4] 刘经强，田洪臣，赵恩西. 绿色建筑设计概论 [M]. 北京：化学工业出版社，2015.

[5] 中国城市科学研究会. 中国绿色建筑 [M]. 北京：中国建筑工业出版社，2021.

[6] 周强，王海鹏，薛海燕. 绿色建筑发展的驱动机制研究 [J]. 西安建筑科技大学学报（社会科学版），2019，38（01）：28 - 38.

[7] 田淑芬. 绿色建筑与建筑业可持续发展 [J]. 建筑经济，2005（12）：80 - 82.

[8] 冯大阔，肖绪文，焦安亮，等. 我国 BIM 推进现状与发展趋势探析 [J]. 施工技术，2019，48（12）：4 - 7.

[9] 黄锦涛. BIM 技术在绿色建筑中的应用 [J]. 山西建筑，2015（08）：206 - 208.

[10] 李蕾，李沁，刘金祥. 中、美、新三国绿色建筑评价标准对比分析 [J]. 建筑节能，2016，44（01）：102 - 106.

[11] 潘海泽，陈梦捷，等. 美国 LEED 绿色建筑评价标准与我国绿色建筑评价标准的比较分析 [J]. 建筑经济，2016，37（1）：88 - 92.

[12] 中国城市科学研究会. 绿色建筑，2008 [M]. 北京：中国建筑工业出版社，2008.

[13] 克里尚. 建筑节能设计手册：气候与建筑 [M]. 北京：中国建筑工业出版社，2005.

[14] 吉沃尼. 建筑设计和城市设计中的气候因素 [M]. 北京：中国建筑工业出版社，2011.

[15] 杨柳. 建筑气候学 [M]. 北京：中国建筑工业出版社，2010.

[16] 布朗. 太阳辐射风自然光：建筑设计策略 [M]. 北京：中国建筑工业出版社，2006.

[17] 林宪德. 亚洲观点的绿色建筑 [M]. 香港：pace publishing limited，2011.

[18] 吕爱民. 应变建筑——大陆性气候的生态策略 [M]. 上海：同济大学出版社，2003.

[19] 刘加平，董靓，孙世钧. 绿色建筑概论 [M]. 北京：中国建筑工业出版社，2010.

[20] 彭耀根，魏成. 绿色建筑性能设计与分析——VE 建筑可持续性分析：绿色建筑可持续设计的理论与实践 [J]. 建筑学报，2023（09）：120.

[21] 刘任欢. "双碳"目标下湖南省绿色建筑发展问题与对策研究 [J]. 建筑经济，2023，44（S1）：354 -358.

[22] 张立坤，魏国敏，王杰，等. 绿色建筑设计理念在建筑工程管理中的应用 [J]. 工业建筑，2023，53（06）：266.

[23] 宋健. 绿色建筑的节能减排效应 [J]. 储能科学与技术，2023，12（03）：1000 - 1001.

[24] 张思佳. 绿色建筑设计基本技术研究——评《绿色建筑设计技术要点》 [J]. 中国高校科技，2022（08）：115.

[25] 苏欢，王丽娜. 我国绿色图书馆本土化策略研究——基于对《绿色建筑评价标准》（GB/T 50378－2019）的解读 [J]. 图书馆理论与实践，2022（04）：96 - 101.